隐蔽的水分配政治

以河北宋村为例

李 华 / 著

社会科学文献出版社
SOCIAL SCIENCES ACADEMIC PRESS(CHINA)

目　录

｜导　论｜

一　研究背景及缘起

　　水是生命之源，也是人类生产和生活所不可或缺的物质基础。人类所居住的地球虽然被称为蓝色星球，但实际可利用的淡水资源仅占全球总水量的 0.26%[①]。水资源并非取之不尽、用之不竭。人类虽然能够利用技术手段增加水的获取量，但并不能增加水的自然存量。始于 20 世纪 90 年代，随着社会生产和生活方式的转变，水资源在人类不断增加的水需求中开始出现短缺并被危机化（查特斯、瓦玛，2012）。据统计，目前全世界约有 8.84 亿人缺乏安全饮用水[②]。预计

---

①　《世界水日应对水短缺》，新华网，2007 年 3 月 22 日，http://www.mwr.
gov.cn/ztpd/2007ztbd/2007srsz/mtbd/20070322090306d28fd7.aspx，最后访问日期：2012 年 11 月 2 日。

②　王丕屹：《请不要透支地球的眼泪》，人民网，2012 年 3 月 22 日，http://paper.people.com.cn/rmrbhwb/html/2011 - 03/22/content_775151.htm，最后访问日期：2013 年 4 月 2 日。

到 2030 年，全球水需求量将超过可持续供水量的 40%，届时全世界至少有一半人口将因严重缺乏淡水而面临生存威胁①。联合国教科文组织前总干事克劳斯·特普费尔说："在不久的将来，最激烈的冲突可能是为水而战。"② 在水资源时空分布不匀的约束下，很多国家、企业等需水主体开始打破"一方水土养一方人"的地域限制并在全球范围内涉猎水资源，由此也重组着水资源在不同空间和主体间的分配。

从全球层面来看，2008 年全球粮食价格出现上涨后，为保障国内粮食供给安全，减少对国际市场的依赖，很多国家开始在境外寻找水资源和土地资源丰富的地区进行农业投资；能源危机对清洁能源的需求催生了生物燃料种植热和水电生产热，使得很多粮食作物和水资源分别被转移用于替代能源和水电的加工生产；在经济全球化的背景之下，私人跨国水业公司的出现打破了水资源的地域边界，跨国资本在全球寻找水源的同时，也让水资源进行着全球性流动。

就中国而言，中国拥有世界约五分之一的人口，但淡水资源总量仅占全球的百分之六。新中国成立以后，在工业化和城市化为中心的发展路径下，中国的水资源分配结

---

① 激滟：《水危机波及全球：悲观结局或能避免》，中国天气网，2012 年 12 月 12 日，http://www.weather.com.cn/climate/qhbhyw/12/1758788.shtml，最后访问日期：2013 年 1 月 5 日。

② 郭春孚：《水资源商品化和私有化：中国"水龙头"该由谁掌控?》，新华发展论坛，2012 年 4 月 4 日，http://forum.home.news.cn/detail/96597629/1.html，最后访问日期：2013 年 5 月 6 日。

构在整体上呈现"农转非"的趋势，即农用水资源不断流入工业和城市等非农领域，农业用水和城市工业用水在总用水量中的比重分别呈现下降和上升趋势（姜东晖等，2008）。然而，在农村水资源被转移和向外流动的同时，不容否认的事实是，很多农村由于遭受工业污染而深陷有水不能用的困局之中，当地居民面临着污染带来的生存和健康风险。据统计，全国因水污染而出现的癌症村数量已经超过 200 个[①]。在城乡二元分割的公共产品供给结构下，中国仍有 23% 的农村靠山塘水窖供水，一亿多农村人口因水质污染或缺水而存在饮水不安全问题[②]。

由于水资源是有限的，因此水资源的使用主体之间存在着排斥性，即一方的用水量以及用水方式决定着其余方的可获取水量（Zwarteveen et al. , 2005）。在水资源供需矛盾不断深化的背景下，如何对有限的水资源进行分配关系着每个人的生存利益。针对水资源分配重组现象，值得反思和追问的是，水资源分配过程中产生的利益和成本在相关主体间的分配是否对等。

本研究缘于笔者在村庄调研过程中的观察。宋村位于河北省太行山深山区，是一个传统的生计型农业社区，年

[①]　王浩：《中国癌症村数量超过 200 个》，中国城市低碳经济网，2013 年 9 月 17 日，http://www.cusdn.org.cn/news_detail.php? id = 270618，最后访问日期：2014 年 1 月 3 日。

[②]　《中国农村饮水情况较为复杂　23% 靠山塘水窖供水》，中国新闻网，2014 年 3 月 21 日，http://www.chinanews.com/gn/2014/03 - 21/5979210.shtml，最后访问日期：2014 年 4 月 3 日。

降雨量约为 400 毫米。在官方的视野中，宋村属于干旱缺水地区，当地水源以降雨和地表水为主，地下水较贫乏。地表水来自由东至西流经村庄的沧河。这是一条季节性河流，也是当地农业用水的主要来源。村民饮用水以井水为主。

改革开放初期，在城市化和工业化的发展路径下，山区在城市的映照下显得贫穷和落后。随着市场化进程的不断推进，宋村社会、经济、文化等各个方面都在经历着急剧变迁。村中公路的修建在连接村庄和外界的同时，也在建构着一条资源输送通道，一方面向外输送着村庄的自然资源和人力资源，另一方面也在吸引着资本的进入。

分税制改革尤其是农村税费改革以后，随着中央与地方政府之间的财权上收和事权下沉，地方政府为了经济发展开始大力招商引资（周飞舟，2006）。借助地方政府的一系列优惠政策，十家选铁厂先后进入宋村。选铁厂主要从事铁粉的筛选，加工过程有三道工序，即铁矿石的粉碎、磁选机的筛选和水洗。水洗的目的是冲走铁粉中的杂质。因铁粉的价格取决于铁粉的品位，而后者又直接取决于水洗过程，所以铁粉加工需要耗费大量的水。工业用水出现后，村庄的水环境发生了剧烈的变化。据村民介绍，"九几年不开选厂的时候，我们这河里的水根本就不断水。当时那个水多清啊，现在你看河套里面哪有水啊。以前小鱼有的是，现在连水都没有了，哪有鱼啊？现在有点水都是黑的，连咱们吃的水，我都觉得有污染。咱们这又不是深层水，都是地面地表水""原来里边的水可好啦，清亮亮的，除了水就是沙子"，"现在河水污染后，连水草都长不了啦，河里的水现在连牲口都不能喝了，用这样的水来浇地，土地都板结"。作为新的用水主体，选铁厂的出现重组和改写着村庄的水资源分配和利用图景。

在村庄的调研过程中，笔者发现，在村民抱怨灌溉"缺水"，只能"靠天吃饭"的同时，对水资源有很大需求的选铁厂却依然能维持生产，并不断地向河流中排放污水，导致河水变得浑浊不堪。此外，有的村民盖起了楼房，开着私家车，室内地板、淋浴、马桶样样齐全，在用着自家井水悠闲自得地洗车的同时，有的村民只能依靠体力扛着扁担去井边挑水，尤其是距离公共水源较远的老年人，由于体力不支，不得不小心翼翼地节省用水。这些反差鲜明的用水画面，促使笔者思考宋村的水资源分配是怎样的一个过程。本书试图探究有限的水资源在不同用水主体之间的水分配过程及其背后的机制和逻辑，重点考察成本和收益在不同用水主体间如何分配。

二　关键概念

（一）水分配政治

美国政治学家哈罗德·D. 拉斯韦尔（1992）在《政治学》一书中提出，政治所讨论的问题是"谁何时如何获得了什么"，政治研究是对权势和权势人物的研究。但在Kerkvliet（2009）看来，拉斯韦尔所探讨的政治是狭义层面的政治，广义上的政治是有关资源的控制、分配、生产以及这些活动背后所隐含的价值和理念。很多政治学家只关注权力，但权力只是众多与政治有关资源中的一种。与政治有关的资源，除了权力，还包括各种显性和隐性资源，如土地、水、货币、空气。

基于在菲律宾的研究，Kerkvliet（2009）认为政治可以分为三类，即日常政治、倡议政治和官方政治。日常政治指的是人们针对资源辖管、生产和分配的规范与准则所采取的接受、顺从、调整或对抗行为。日常政治行为通常是私下的、无组织的，具有一定的隐蔽性，行为者通常并不认为自己的行为具有政治性。倡议政治关注的是人们协同一致直接对权威加以支持、批判和反对的活动。官方政治指的是政治组织中的权威针对资源分配所进行的政策的制定、实施、改变、争论或回避活动。日常政治、倡议政治和官方政治这三种不同类型的政治之间存在着关联。日常政治可以演变为倡议政治，并对官方政治形成影响。传统的政治研究只关注倡议政治和官方政治，也是关于精英的政治，但日常政治侧重考察的是日常生活中的政治，更有助于理解普通人的生活。

根据 Kerkvliet（2009）对政治的定义，关于水分配的过程也是一个政治过程，这也是本书所采用的主要研究视角。由于水是流动的且具有季节变化性，本书中的分配概念指涉的并非从数量上进行分割的静态结果，而是一个动态的社会过程，内部充斥着不同用水主体的竞争和协商。国内主流话语中的水分配主要依据的是经济学原理和产权理论，指的是水资源使用权的分配。然而，在实际的水分配中，拥有使用权并不必然意味着拥有对水及相关收益分配的控制权。因此，有必要引入社会学和政治学的视角，以理解水分配过程背后的机制和逻辑。与经济学视角下的水分配不同，本研究更侧重对支配和形塑水分配的价值理念及其所嵌入的社会关系进行考察。水分配结构的变化，也意味着围绕特定水资源的实际控制权关系的重组。

伯恩斯坦（2011）曾将政治经济学研究归纳为四个关键问题，即谁拥有什么、谁从事什么、谁得到了什么、他们用获得物做了什么。这四个问题关涉的是生产与再生产之间的社会关系。第一个问题探讨不同产权制度中的社会关系，即生产与再生产资料是如何分配的；第二个问题关注社会分工，即谁在社会生产与再生产中从事什么活动是由社会关系决定的；第三个问题侧重劳动成果的社会分配，通常表现为收入的分配；第四个问题涉及消费、再生产和积累的社会关系，注重生产与再生产的不同社会关系如何决定着社会产品的分配与使用。这四个问题之间暗含着一定的顺序，即产权的社会关系决定了社会分工，社会分工决定了收入的社会分配，收入的社会分配又决定了社会产品被如何用于消费和再生产。这四个问题为本书考察和分析村庄生产用水界面的水分配过程提供了理论借鉴。政治经济学视角下的水资源分配问题并不是简单的数量分割，而是嵌入在一定的社会权力关系之中。

（二） 水权

水权是理解水资源分配政治的一个重要概念。不同于经济学产权理论框架下的定义，本书借鉴 Boelens （2010）提出的水权概念。在 Boelens （2010） 看来，水权嵌入在一定的意识形态和社会结构之中，并非单指主体和客体即用水者和水资源之间的关系，更多指涉用水主体之间的社会权力关系。水权所嵌入的社会权力关系，决定了水权的内容、分配和合法性，并在水权实践中得到强化和再生产。

在法律多元化的视角下，水权也具有多元性。法律并不必然等于国家正式权力框架下的法律，也指涉非正式权力下的规约性秩序，如习惯法和宗教法等地方性管理约束形式。不同法律秩序下的水权不具有同等的约束力和合法性，差异主要源于社会经济结构中不平等的权力关系。在正式法框架下，政府期望看到统一和稳定的水秩序，以便于控制和干预，但根植于地方文化、具有多样性的地方性水秩序在官方的视野中往往是无序，甚至是不可见的。理解水权需要打破对正式水权和非正式水权的二元区分，并基于具体的水分配实践考察水权是如何分配的，水分配的规则和内容是如何决定的，决策主体的合法性来源是什么，话语层面的表征体系是如何运作的 （Zwarteveen et al., 2005）。

（三） 水获取

水获取也是本书所借用的另一个重要概念，旨在考察形塑水分配的权力关系是如何运作的，这也是正式法框架下的权利关系所无法解释的内容。在 Ribot 和 Peluso（2003）看来，"获取"意指从某些物中获取收益的能力，这些物包括具体的物质对象，如各类自然资源、制度和符号。"获取"这个概念强调的是权力（power），而非权利（right），更侧重考察形塑特定资源收益分配的社会关系，而非只关注所有权关系。虽然所有权和获取权都关涉围绕收益的人与人之间的关系，包括征占、积累、转移和分配等，但从本质上来看，所有权和获取权存在很大的差异性，二者分别指涉权利关系和权力关系。所有权关系只是众多获取关系中的一种。获取概念有助于理解为何没有所有权和使用权等权利的主体仍能够从资源中获益。所有权关系关注围绕资源的权利束，获取关系侧重考察不同主体从资源中获益的方式及其对资源获益机制、过程和相关社会关系的影响，不仅限于对所有权关系的考察。获取是一种权力束和权力关系网络，使得主体能够持续地获得和控制资源。由于权力关系嵌入在一定的社会政治经济网络之中，因此在不同文化背景下，权力束和获取关系以及资源的获取方式和权力关系也处在动态变化之中。

（四）界面

在行动者为导向的研究方法中，界面是指"生活世界、社会场域或社会团体相交汇的地方，也是社会不连续性存在的地点"，充斥着"多种不同利益、关系和权力模式"。界面分析试图突破结构和行动者之间的二分，并从结构关系和因素中考察行动者的能动性。其具体侧重关注"个体或群体之间的联系和网络",而非个体或群体的策略行为,目的是"阐明出现在界面中的社会不连续性与相关关系的缘起和类型,并展示行动者的目标、感知、价值观、利益及网络关系是怎样通过这一过程得到巩固或重塑的",强调制度和权力领域对社会互动过程的影响(叶敬忠、李春艳,2009)。本书将借用界面的概念,根据水源和涉及主体的不同,分别从村庄的生产用水界面和生活用水界面,考察不同用水主体围绕有限的水资源是如何协商的,以及支配村庄水资源分配的机制和逻辑是怎样的。

三 研究社区介绍

宋村地处河北省青林县杨乡,太行山东麓深山区,背靠山,前临水。流经村庄的季节性河流沧河,发源于距离村庄以北 15 公里的黄土岭。宋村和杨乡乡政府所在地之间有省道相连,距离乡政府约 3 公里,距离县城 45 公里。该村属于大陆性季风气候,年降水量 400 毫米左右,为半干旱地区。村庄占地面积 2.6 万亩,境内山连山,是杨乡面积最大的一个村庄,但百分之九十以上为山地。当地的矿产资源主要有蛭石、方解石和钙石。宋村由 15 个自然庄组成,东西横跨 18 公里,全村 220 户 699 人,耕地面积 479 亩,人均五分耕地,主要种植作物有小麦、玉米、红薯、大豆、花生、豌豆、小米和高粱等。该村在集体化时期共有四个生产小队。一队和二队居住相对集中且人口多,被称为主村，共 136 户 443 人。其余两个小队的居住情况仍以自然庄为单位，分布在距离主村约 7 公里的深山沟中，当地人称之为大秋沟。家庭联产承包责任制之后，一队和二队因为人口较多，而分别被拆分为一队和五队、二队和六队。主村作为村委会所在地，也是村庄的政治、经济和文化中心。

目前，除连接主村和大秋沟的村路外，一条修建于 1986 年的国道从东至西横穿主村，西至山西，东连杨乡。在给村庄带来便利交通的同时，这条国道不仅将主村整体切分为南北两个部分，而且导致村庄历史上的第一次拆迁。很多原本居住在村庄中心的居民，因为修路征地而被搬迁到村庄往北延伸的山沟中。从居住空间分布来看，随着人口的增加，村庄的住房分布呈现从中心向两边扩展的趋势。村庄传统的住房是石头瓦房，由正房和东西偏房组成，正房的房顶呈尖状，偏房的房顶呈平面状，可用于粮食的晾晒。近年来，随着部分村民经济条件的改善，很多传统住房被重新修建。新盖住房大多是二层楼房，采用的是颇具城市特色的设计和装修风格。村民住房条件的差异，也体现了社区内部的经济分化。

宋村是传统的生计型农业社区，由于耕地面积较少，粮食作物种植主要满足家庭所需。宋村的灌溉设施较陈旧，修建于集体化时期，由两条主渠组成，主要用于引河水灌溉耕地。此外，村中还有三个灌溉井。其中一个灌溉井在德国 EED 基金的项目资助下，修建了一个泵房，可以覆盖并满足村庄自留地中蔬菜种植所需灌溉用水。村庄的山地开发面积不多，只有四五户村民对山地进行了平整，用于果树种植。其中一户村民在种植板栗和核桃树的同时，还套种了多种中草药，主要依靠雨水灌溉。另外一户村民在山上打了深水井，计划用于果树的灌溉，2010年种上了数百棵核桃树和板栗树，同时种了很多传统品种的杂粮（如小米、黄豆）和蔬菜。

从社区的经济状况变迁来看，宋村经济变化主要经历了两个较大的转折点。家庭联产承包责任制在宋村落实之初，村民主要依靠土地生存，除了种植粮食作物和蔬菜，户内普遍养殖家畜家禽，如猪、鸡和驴，土地外的经济来源较少，用村民的话说，就是"大伙都是种地，没什么经济来源。打个小工机会也少"。蛭石开采活动的出现是村庄经济变化的第一个转折点。20世纪90年代初，邻村有村民开始在宋村收购蛭石用于出口，掀起了村庄的挖蛭石热潮。蛭石，当地人也称之为"老鸹金"，可以用于制作保温材料，散见于宋村的山地之中。在蛭石收购出现之前，村民并不知道这种石头是有用的。为了挣零花钱，村民在农闲时都上山挖老鸹金，这也成为村民当时主要的非农收入方式，并在一定程度上改善了村民的经济状况。

20世纪90年代中后期，随着农民负担的加重以及周边城市发展对劳动力需求的加大，村庄外出务工人口逐渐增加。市场经济在村庄的不断深化使村民日常生活的现金成本越来越高，非农收入成为村民依赖的主要经济来源。与大多数村庄一样，大部分年轻人选择了外出，留守在村庄的多是老人、妇女和儿童。中央和地方的分税制尤其是农业税费改革后，地方政府为发展经济开始招商引资。借助地方政府的优惠政策，十家选铁厂先后进入宋村，当地的经济随之进入第二个转折点。选铁厂的用工需求吸引了部分外出务工人口的回流，有村民利用在外务工收入积蓄在村庄跑起了运输，也有村民开起了蔬菜店和小卖部。在选铁厂的带动下，村庄陆续出现了 5 个小卖部、1 个粮油店、1 个蔬菜店、10 个维修部，还有村民开了加油站、煤厂和砖厂。在村庄调研期间，笔者发现，穿村而过的省道上，几乎每天都有满载铁矿石或者钙石的卡车呼啸而过，路边经常可见散落的碎石块。

　　距离宋村最近的集市位于 3 公里外的杨村，也是杨乡乡政府所在地。集市每五天开一次，大部分村民通常成群结伴步行前往或搭乘同村人的顺风车。杨乡市集的形成始于 20 世纪 80 年代，市集上沿街的商店以服装、家电、农资和餐饮为主；流动商贩出售的商品以日常用品为主，还包括蔬菜、生肉类、熟食和休闲食品、蔬菜种子、戏曲光盘。此外，也有少许村民（以老年人为主）出售自家的农产品和手工制品，如鸡蛋、鸭蛋、背篓、笤帚。市集上商贩出售的蔬菜都是从县城批发而来的大棚蔬菜，由外地而非本地生产。宋村有一对年轻夫妇属于流动菜贩，从县城批发蔬菜，主要供应矿区内的采矿厂，偶尔也在当地市集和村庄的路口出售。

当地人比较喜欢听戏曲，如河北梆子和河南豫剧。市集上有两个流动摊贩主要出售戏曲和流行歌曲光盘。近年来，便携式放录机在当地老年人中比较流行。为节省现金成本，村里的老年人相互商量后，会在市集上买不同曲目的戏曲卡，然后互换使用。宋村有一位老人非常热爱音乐，每次下地干活都会带着放录机，边劳作边听歌曲或者戏曲。市集也在潜移默化中影响和改变着村民的生活，过去很多需要自己种植和养殖的农产品都可以从市集上购买。固定的商店每天都开门营业，即使不开集的时候，村里的妇女也会去市集上逛商店，并在茶余饭后的聊天和牌局中，交流所购买商品的价格和质量。村里的老年人空闲时比较喜欢坐街，即聚集在路边聊天、听戏。中年人比较喜欢玩纸牌和麻将，村里的小商店是牌局的据点。大多数村民晚饭后习惯去大街里转一圈，或参与牌局或在旁边观战，并彼此交流所见所闻。牌局成为村庄信息的分享平台和集散地之一。

宋姓、陈姓是村庄的两大姓氏。宋姓在明末清初时从山西移居到此，最开始只有十几人。陈姓是从邻乡迁来，主要在宋村做长工。新中国成立初期，陈姓作为长工在村庄获得了较高的政治地位。去集体化后，村书记和村主任的职位主要在两大姓氏中轮换。从文化层面来看，村庄的家族观念在市场化背景下呈现不断弱化的趋势，但具有代际分层特征，老年人的家族观念较年轻人强。从村庄政治来看，家族和政治之间仍存在很重要的联系。村庄现任的村干部来自陈姓家族，已连任三届。

村东有一个文化广场，是中国农业大学人文与发展学院与德国 EED 基金合作的社区发展项目投资建设的。这里过去是村庄的老戏台，现在是村庄重要的文化活动中心，尤其在夏日，是村庄最热闹的地方。广场东侧有一个公示牌，上面标明的是社区发展项目在村庄的所有投资金额以及花销明细。广场北边是村卫生所，西边是村委会办公室。广场上有社区发展项目资助的健身器材，村里的孩子经常在这里玩耍。妇女们自发组织每天晚饭后在此跳广场舞，很多邻村的妇女慕名而来。此外，广场也是外来推销者的常顾之地。

四　研究过程与研究内容

宋村是中国农业大学人文与发展学院在青林县的教学基地，也是开展"以研究为导向的参与式发展项目"的四个项目村之一。从地理区位来看，四个项目村相距不远，都位于沧河边，从上游到下游依次是宋村、柳村、杜村和李村。笔者在四个村庄都有过调研和项目活动经历，这也为笔者顺利进入村庄进行调研提供了便利条件。四个项目村同属杨乡，虽然在社会、经济、文化形态上具有很大的同质性，但具体到村庄内部，尤其是村庄政治层面存在较大的异质性。

以项目资助的饮用水工程为例。从 2000 年开始，项目组织者先后在四个村庄开展了相同的集中供水工程。但就工程的组织过程以及后期的管理来看，四个村庄存在很大的差异性。这和项目的具体实施过程由村干部来组织完成有紧密关系，主要体现在水供应的覆盖面、供应模式和运营管理三个方面。与其他三个村庄相比，宋村集中供水工程的运行和管理方式并不成功。

2011 年 4 月，笔者在宋村进行高速征地的调研过程中，就有妇女抱怨吃水难。2012 年 7 月，笔者再次进入宋村时发现，村庄内的集中供水工程已经停止供水。与此同时，村庄在先后两个月的时间内，共涌现了近 40 口私人水井。私人水井如此之多，是其余三个村庄所没有的现象。相同的发展项目在四个村的不同干预结果，引发了笔者对村庄异质性的思考，也为笔者进一步选择调研地点提供了基础。

此外，宋村位于沧河上游，更邻近铁矿区。较为便利的交通和水源，成为很多选铁厂选择进入宋村的原因，这也是其他三个村庄所没有的独特资源。尽管其他三个村庄也有选铁厂，但是从数量和规模上来看，都不及宋村。本研究之所以选择宋村作为调研地点，主要是因为宋村的选铁厂较多，卷入农村工业化发展的程度较深。从水资源的利用情况来看，选铁厂用水对村庄生产和生活用水造成的影响更为显著。在市场化背景下，选铁厂的进入加速了宋村在社会、经济等方面的变迁，使宋村体现出其他三个村庄所没有的特性。以宋村为切入点对村庄内部的水资源分配进行微观层面的考察，更有助于理解市场化背景下村庄变迁的动力机制。

除在宋村的实地调研外，2012 年 4 月，笔者还曾参与由中国科学院地理科学与资源研究所中国农业政策研究中心组织的以了解中国北方农村生产用水的利用和管理情况为主题的调查项目，共走访了河北省四个市的八个村庄。此调查始于 2001 年，笔者参与的是第三次回访调查，主要采用问卷式调查方法。调查表分为村级调查表、地表水管理表、地下水管理表和农户调查表。访谈对象包括村干部、渠道管理员、机井管理员和农户。笔者在调查过程中主要负责村级调查表，因此也获得了全面了解村庄水资源管理状况的机会。不同村庄在水源和水管理方面的差异，也加深了我对水资源地方性的认识和理解。在这次调查过程中，农村工业水污染现象和途经数个村庄的南水北调工程给我留下深刻的印象。C 市有一个村庄四面环水，但是受上游工业排污的影响，整个村庄弥漫在刺鼻的恶臭之中，村里经济条件较好的村民都选择了搬迁。也有位于灌区的村庄，因为要保障城市生活用水，灌区停止了供水。在离开村庄的路上，我们偶遇一位妇女。提到村庄的灌溉用水，她一脸愁容，无奈地抱怨着，"想种麦子但没有水，十多年没有浇过地了"。从本质来看，村民所遭受的水污染和水短缺是水资源分配重组所产生影响的体现。此次调查经历也为笔者在宋村的水调研提供了很多思路和借鉴。此外，灌溉用水所存在的问题，也在提醒笔者关注影响村民生存和健康的饮用水状况。

　　本研究在宋村的实地调研分数次进行，累计时间为 4 个月，主要集中于 2011 年 12 月 5 日至 12 月 10 日、2012 年

7 月 21 日至 8 月 24 日、2012 年 10 月 26 日至 11 月 5 日、2012 年 12 月 7 日至 2013 年 1 月 3 日、2013 年 4～5 月、2013 年 7 月。围绕研究主题，调研内容主要分为三个方面：首先是对村庄历史和水利概况进行了解；其次是了解村庄的生产用水历史；最后关注村民的生活用水历史。由于水资源具有季节变化性，为考察村民在不同季节的水资源利用和水获取情况，笔者选择在农作物和蔬菜种植季节对村庄的灌溉用水情况进行观察，并分别在夏季和冬季就村庄生活用水的水获取情况进行对比考察。

本研究主要探讨村庄水分配的政治过程。根据水源和所涉及主体的不同，本研究分别从生产用水界面和生活用水界面对水分配结构的变化进行分析和考察。具体来看，本研究要回答如下问题。第一，在生产用水界面，选铁厂作为新的用水主体出现在村庄后，给村庄水分配格局的重组带来哪些影响；村民和作为外来资本的选铁厂之间的水分配机制和逻辑是什么。第二，在生活用水界面，村民之间水获取的分化是如何形成的，社区内部水分配的价值观念发生了哪些变化。第三，村庄层面的水分配逻辑对重新审视主流的水短缺叙事有何意义。具体落实到书中为五个章节。

导论对研究缘起、研究方法、研究内容、研究社区和辅助的理论视角以及核心概念进行了介绍。

第一章是对相关文献的梳理，围绕研究问题，分别从社会学、管理学、经济学和政治学视角对当前主要的相关水研究进行了评述。

第二章是对村庄生产界面中水分配结构变化过程的呈现，侧重探讨水分配重组背后的机制和逻辑。首先对村庄的水利景观变迁进行白描，分析选铁厂是如何进入村庄的，在圈占村庄水资源的过程中采取了哪些策略，其用水方式背后的逻辑是什么；与此同时，村民如何应对选铁厂的圈水行为，二者在生产用水的界面上如何协商并如何形塑水分配结构。在水分配的过程中，谁获得了什么，谁又失去了什么。选铁厂在村庄的圈水行为，不仅影响着村民的生产用水，也间接影响着村民的生活用水。在招商引资式发展背景下，农村工业所带来的利益和风险是如何分配的，谁是发展的受益者，谁是发展的受害者。

第三章主要探讨在市场化背景下，村庄生活用水界面围绕水分配的价值理念发生了哪些变化。首先对村庄水获取的社会组织方式变迁进行分析，着重探讨不同组织方式下的水分配秩序以及背后支配水分配的价值和理念；社区发展干预项目如何影响村庄用水，与村庄政治有哪些联系，选铁厂用水对生活用水分配秩序变化有哪些影响；形塑村庄水分化的社会因素有哪些。

第四章是对主流水短缺叙事的反思，旨在揭示水短缺"技术说"和"商品说"所遮蔽的水分配政治问题。

第五章是结论和讨论部分，对宋村水分配背后的机制和逻辑进行了总结。最后对发展主义背景下被边缘的农村水权、环境法律的都市化以及主流政策话语中的生态补偿机制进行了反思。

五 研究方法

本研究是人文主义方法论指导下以社区为基础的实地研究。人文主义方法论认为，"研究社会现象和人们的社会行为时，需要充分考虑到人的特殊性，考虑到社会现象和自然现象之间的差别，要发挥研究者在研究过程中的主观性"（风笑天，2009：8）。实地研究是一种定性的研究方式，要求研究者首先融入所研究对象的生活环境中，通过参与观察和个案访谈的方式收集资料，然后回到客观中立的立场对观察到的现象和行为进行分析和解释，以理解研究对象的行为方式以及背后所蕴含的文化内容（风笑天，2009）。本研究需要分析不同用水主体在水获取过程中采用了哪些策略，以及支配水分配的价值观念发生了哪些变化。要了解这些内容，需要对村民和相关知情人进行多次深入访谈。研究内容决定了方法论和研究方式的选取。在资料的具体收集方面，主要采用了口述史、访谈、二手资料分析、参与观察等方法。

（一）口述史

"口述史是围绕着人民而建构起来的历史。它为历史本身带来了活力，也拓宽了历史的范围。它认为英雄不仅可以来自领袖人物，也可以来自许多默默无闻的人。"（汤普逊，2000）为了解宋村从集体化时期至今的水变迁，本研究用口述史的方式对村庄的老人进行了访谈。这些村民大多60~80岁，有些甚至超过90岁。他们对童年至今的生产和生活用水变化有着鲜活的记忆，他们有的是新中国成立后不同时期的村干部，有的是经历过农业学大寨运动以及各种洪涝和旱灾的普通村民。笔者通过请他们回顾村庄水环境、生产和生活用水的水源、水获取方式的变化以及日常生活中水短缺的记忆和应对策略，以此来勾勒宋村村民围绕水获取在社会组织和观念层面所发生的变迁。

（二）访谈法

本研究主要采用了主要知情人的访谈法和半结构访谈法。宋村是中国农业大学人文与发展学院在河北省青林县的教学基地，每学年都会有学生到村庄进行学习和调研工作。学院和村庄之间长达近二十年的合作，为彼此之间的信任打下了深厚的感情基础。在村庄的熟人社会里，陌生面孔的出现很容易引发村民的各种猜想，但只要介绍时说来自中国农业大学，就会缩短和村民之间的心理距离。

笔者进入村庄开始本研究的调查时，宋村的很多选铁厂已停止经营，只有三个选铁厂还在间歇性加工生产。选铁厂的投资者很少在村庄出现，通常都是雇用自己的亲戚、朋友或者当地村民负责选铁厂的生产管理和设备看管。因此，对选铁厂和投资商相关信息的收集，主要采用知情人访谈法，包括村干部和在选铁厂打工的村民。对村民的访谈主要采用半结构访谈法，笔者提前准备了一个访谈提纲，但也会根据交谈内容，在访谈中追问一些问题。这种开放性的访谈方式，有助于从村民提供的看似多余的信息中理解他们对生活世界的认知方式。由于村庄年轻人外出务工较多，长年留守在村庄的多是老人、妇女和儿童。这三个群体也成为本研究的主要访谈对象。此外，笔者也随访了一些平时在外务工临时返乡的中青年村民，以及和研究主题相关的其他人物。本研究力图从村民的水短缺记忆、生产和生活用水的日常体验，以及选铁厂出现后对村民用水的影响等方面，对村庄的水变迁进行深入考察和分析，以更好地理解村庄水分配重组背后的逻辑。为了解当地水资源管理的正式框架和制度体系，笔者就村庄的饮用水和灌溉用水管理状况，对青林县水利局、气象局和环保局的相关工作人员进行了访谈。

（三）二手资料分析

二手资料主要有两个来源：一是网络媒体上的新闻报道；二是在村庄层面获取的书面资料，如地名志和小学生以河水为主题的作文。地名志出版于 20 世纪 80 年代，其对村庄人口、水资源概况的描述，为理解村庄水变迁提供了很好的参照。小学生的作文是宋村唯一的乡村教师在暑期开办补习班时，布置给小学六年级学生的作业，从中可以捕捉到儿童视角下的水变迁。此外，为了统计村民在水获取上的差异，笔者还请村民绘制了村庄水利设施分布图，为选取深入访谈对象提供了帮助。笔者还查阅了德国 EED 基金会在宋村实施集中供水项目的进展报告和评估报告，以及两篇基于在宋村和柳村的实地调研而撰写的学位论文，分别是张丙乾（2005）的博士学位论文《权力与资源》和程恬淑（2006）的硕士学位论文《社区发展中的农民自助研究》。这些资料和研究是对村庄不同时间阶段用水情况的记录、观察和思考，为本研究考察宋村的水分配结构变迁提供了时间参照。

（四）参与观察法

参与观察是指研究者深入事件或现象发生的场景中去，直接参与研究对象的日常生活，对置身其中的社会现象进行直接观察、体验并收集材料。在村庄调研期间，笔者一直居住在村民家里。这也为进入村民的日常生活场景，进而了解村民日常用水方式和用水需求以及水获取方式的差异提供了便利。与参与观察法相比，访谈法侧重考察访谈对象对特定事件的认知和看法，但这些认知和看法是访谈对象能动性及反思性处理后的结果，有可能随着时间的推移而发生变化。从这方面来看，以考察访谈对象实践行为为主的参与观察法能够弥补访谈法的不足。为了解村民的灌溉用水情况，笔者还参与了村民的蔬菜种植过程。基于田间地头的观察和访谈，笔者对村庄水利设施的实际使用情况有了更为直观的认识。与村民同住同生活的过程也为了解村民日常生活用水方式以及体验季节性水变化给当地人生活所带来的影响提供了机会。在选铁厂内的参观，也让笔者对选铁厂的加工流程、用水方式以及村民在选铁厂打工的工作环境有了更为详细的了解。

第一章

隐而未显的水分配：
国内外水研究梳理

　　人类的历史也是人与水的抗争史。水并不是一个全新的议题，有关水问题的讨论覆盖了众多学科。本研究是以村庄社区为基础的微观研究，旨在探讨村庄场域内水分配的日常政治。围绕研究问题，本章主要从社会学、管理学、经济学和政治学四个视角，对水利与社会、水利与管理、水权与水市场，以及水政治与水攫取为主题的国内外相关研究进行了梳理。

第一节　水利与社会

　　水利是人类为满足生产和生活需求而对自然界水资源进行干预的手段。它不仅是承载历史的物质符号，也折射着社会关系的变迁。人类的水利活动可追溯到六七千年前，关于水利的历史研究源远流长，研究成果丰硕。从研究视角来看，大致可分为两类：一类是以关注工程技术为主的水利史研究；另一类是关注水利与社会的水利社会史研究。传统的中国水利研究以第一类研究为主，只重视水利工程和技术，就水利谈水利，对水利工程和技术所嵌入的社会关系关注不足。本部分将主要梳理水利社会史研究。最早将水利纳入社会学研究视野的是以魏特夫为代表的西方人类学家。在西方学者的影响下，中国的水利社会史研究兴起于 20 世纪 90 年代，以实证性研究为主，区域性是其主要特征。总的来看，关于水利与社会的研究主要以国家与社会的关系为理论框架，研究范式经历了从宏观到微观，从"治水国家"到"水利社会"的转变，分别侧重探讨水利与国家、水利与社会的关系。

一　水利与国家

魏特夫在《东方专制主义》中首次提出了"治水社会"这一概念，并试图从历史的角度探讨并阐释水利在社会构成中所扮演的角色以及二者之间的关系。其核心观点是，"东西方社会是两个完全不同的社会形态，东方社会的形成和发展和治水是分不开的。东方国家专制主义制度起源于大规模水利灌溉工程的修建需要一体化协作及强有力的管理和控制"（转引自王铭铭，2004；行龙，2005；张爱华，2008）。魏特夫也试图在水利与国家形态之间建立因果联系。在他看来，国家参与治水的活动往往是一种较大规模的综合性活动。在治水过程中，需要有一个综合规划，还需要大范围地调集和组织人力、物力，细致分工。而这些活动要想统一协调、有条不紊地进行，一个统一集中的权威指挥系统显然是必不可少的。当这种统一指挥系统进一步发展和复杂化，并发展成为居于整个社会顶端的组织形式时，就产生了专制主义的统治（转引自王焕炎，2008；张爱华，2008）。然而，在魏特夫那里，中国的治水场域中只有强权国家，被忽略掉的是地方社会的自治力量。

　　针对魏特夫的治水国家说，以格尔兹、杜赞奇、弗里德曼为代表的人类学家从不同角度给予了回应。格尔兹在《尼加拉：十九世纪的巴厘剧场国家》一书中，基于19世纪巴厘的案例研究，对治水国家说形成了最有力的回应。"剧场国家"这个概念旨在说明"国家上层的政体只是象征性的管理，地方性村落政体才是地方事务的主体"（转引自张俊峰，2012）。"不同庙宇类型中各个层次的仪式活动为整体的灌溉会社体系提供了一种合作机制，并非控制着巨大的水利工程和大批苦役劳力的高度集权化政治机构，但能够促使巴厘灌溉系统顺利运作并赋予它以形式和秩序。"（格尔兹，1999：77）"虽然整个巴厘岛都以种植水稻的灌溉农业为基本生计，但大规模农业灌溉在巴厘并没有导致中央集权。塔巴南的用水秩序是以一套仪式框架来协调的，根本不需要集权国家的强制。尽管如此，在有些学者看来，这种回应也是不全面的，因为格尔兹是在尼加拉这样一个从上到下都注重表演而非实力的国家观念内来考察灌溉体

系的，当地人对社区和国家间关系的看法完全不同于一个有着坚强权力中心的文明。"（张亚辉，2006）

此外，在《文化、权力和国家》中，为阐释"权力的文化网络"这一概念，杜赞奇对邢台的水利管理组织——闸会以及与之并行的祭祀体系进行了考察，发现同一"流域盆地内各个闸会之间呈现出一个'裂变分支'似的体系，同一等级的闸会彼此争水，但遇到更高级别的用水单位之间的纠纷时又会彼此融合。与用水单位相平行的龙王崇拜体系就是这种裂变与融合的明确表达，'权力的文化网络'就在这种裂变分支体系的运行中建立了起来。国家通过对龙神的认可和敕封，将自己的权威延伸到乡村社会当中"（转引自张亚辉，2006）。虽然杜赞奇旨在说明"文化网络是如何将国家政权与地方社会融合进一个权威系统的"，但在他的视野里，"水已经具备了地方性物质的意味"（转引自张亚辉，2006；张爱华，2008）。在《中国东南宗族组织》一书中，弗里德曼的研究发现，"水利作为资源被竞争的过程，可能成为不同村落家族内聚力形成的动力。超越村落－家族的地区性联盟，往往是在械斗中形成的。看似中国社会'一盘散沙'根源的械斗，其实赋予了地方性共同体某种相互结合的机制。在华南地区，村落－家族的强弱导致不同村落－家族对于包括水利设施在内的超村庄公共物品拥有不同的支配和使用能力"。"虽然弗里德曼主要关注的是宗族组织，对水利问题只是侧面触及，但其研究也说明了国家与社会之间比较松散的关系以及当地自治权的形

成。"（转引自王铭铭，2004；张亚辉，2006）

以上这些研究都为国内水利社会史的发展奠定了基础。总的来看，"魏特夫的研究更多是从国家这一宏观层面来进行的，但事实上，水与中国社会结构的关系不仅表现在国家层面，实际上与民间的社会组织也是紧密联系在一起的"（麻国庆，2005）。治水虽然是个大规模工程，但并非只有国家才能组织。传统社会也有国家权力未延伸到的地方，社会本身也有自主空间和自发组织的力量及基础。在张亚辉（2006）看来，"水不仅是权力的载体，同时也是地方社会得以建构的纽带"。傅衣凌（1988）的研究指出，"虽然中国专制集权国家也经常组织一些大型的水利工程和公共工程，但是这些活动并非集权国家形成的原因，而是集权国家出现后由于其地位而具有的功能，而且是其众多的功能之一，并未具备什么特殊的重要性。事实上，在中国传统社会，很大一部分水利工程建设和管理是在乡族社会中进行的，不需要国家权力的干预"。国内的水利社会史很大程度上也是对治水国家说的反思。

二　水利社会史

在王铭铭（2004）看来，水利社会"是以水利为中心延伸出来的区域性社会关系体系"。关于水利社会史的研究，是"以一个特定区域内，围绕水利问题形成的一部分特殊的人类社会关系为研究对象，尤其集中地关注某一特定区域独有的制度、组织、规则、象征、传说、人物、家族、利益结构和集团意识形态"（钱杭，2008）。为透视中国社会结构的性质，王铭铭（2004）主张开展不同水利社会类型的比较研究，并将水利社会区分为三类："丰水型"、"缺水型"和"水运型"。从研究的区域选择来看，大部分水利社会史研究集中在一些缺水干旱和易洪涝的特殊区域，如山陕、江南、长江中游及两湖地区（王龙飞，2010）。以下主要围绕水利组织形式和水冲突两个方面对相关文献进行梳理。

（一）水利组织形式

水利兴修过程中的组织和管理不仅反映地方社会的结构和权力体系状况，而且折射了国家和社会在其中的作用（廖艳彬，2008）。

郑振满（1987）认为农田水利事业的组织形式不仅取决于自然条件，而且受到社会权力体系的制约。在不同历史时期，农田水利组织形式的变化反映着农村社会结构的变迁。明清福建沿海的水利事业从"官办"向"民办"的转变，从侧面反映了乡族组织与乡绅势力的发展。乡族组织的排他性容易形成对水利资源的垄断，引发水利纠纷，需借助封建政权的力量来控制。但单凭封建政权力量不足以对水利事业实行有效的宏观控制，仍需借助于族规乡约，后者能有效调动民间兴修水利的积极性，较好地实现水利资源的分配与利用。

吴滔（1995）对明清时期江南地区太湖流域出现的一种地方水利管理组织——"乡圩"的变迁进行了考察。在明代，乡圩的日常性权威由里长承担，同时对封建国家有连带责任；到清代，随着里甲制的衰落，乡圩的组织形式开始发生变化，转成由松散而复杂的民间团体合作经营，不仅国家对它的影响力是比较间接的、非日常性的，而且它不完全在乡绅的摆布之下。乡圩在组织方式上由官方干预为主向民间自办的转变，反映了圩区特有的地缘团体及乡绅集团势力的发展。

韩茂莉（2006）的研究指出近代山陕地区的基层水利管理体系基本为以渠长为核心的民间组织。围绕对渠长的产生、资格、任期等相关问题的分析，作者发现以乡绅、大户为主的中上"利户"凭借修渠前期投入大的优势，结成具有渠长人选资格的水权控制圈；通过水权控制圈，他们不但保全了自身的水权份额，也扮演着水资源管理者的角色；他们的村庄不仅有侵霸乡里的一面，也对推动基层水利组织的持续发展起到重要作用。

（二）水冲突

水作为一种公共资源，客观上存在一个如何有序地利用的问题（王焕炎，2008）。在传统社会，"国家实际能力所及的范围大大低于其形式所及的统治区域，国家权力并未完全渗透到乡村社会内部，地方社会权威承担着实际的管辖权力"（张俊峰，2001）。因此，较具抽象性和概括性的国家法律规定只能适用于水权纠纷的处理原则，具体操作还需借助于民间习惯和地方法规（田东奎，2006）。分水规则也是相关利益群体协商和竞争的结果，当利益主体结构发生变化时，旧的分水规则就被要求重新改写和制定，导致水利纠纷。这些纠纷为了解传统社会结构及复杂的社会关系提供了一个切面。很多学者围绕水利纠纷产生的原因、水利秩序的形成及解决机制进行了探讨。

行龙（2005）从晋水流域水利开发的历史入手，对晋水流域36个村以灌溉体系为基础的祭祀系统进行了考察，发现现实社会中的水资源分配秩序和祭祀系统中水神信仰构成的神祇空间秩序是相对应的。水利祭祀系统背后隐藏的是村庄间争夺有限水资源的激烈冲突。各村庄在水资源的争夺过程中，不仅诉诸了实际的权力和武力，还利用了意识形态层面上水神的力量。此外，行龙（2004）还对明清以来晋水流域内的用水冲突类型进行了总结，主要分为两种，同河村庄间和异河村庄间。前者的用水冲突主要围绕水程分配问题展开，后者主要围绕买卖水权、利益分配问题展开。除了农业用水者之间的冲突外，流域内还有农业用水者与其他产业用水者之间的水冲突，如洗纸业和磨碾业。"磨碾一般为村庄中富户所有，富户常常仗势欺压农户；为了得到较大的水量冲转磨碾以加工更多的粮食，磨主不惜破坏农业水利设施。水争频频，争讼不断是明清以来晋水流域社会的突出表征。为了争夺水权，人民动用了上至国家，下至民间几乎所有的社会资源。流域内用水秩序的形成既有民间社会各种惯例规约，又有官权力的刚性介入，体现着国家与社会各种意志的相互斗争与利益争夺。"

张俊峰（2001，2005，2009）以水案为切入点，对水权的实际形成过程和水权纠纷的解决机制进行了探讨。由于水向来属于国有，所以"水的使用权比水所有权更具实际意义"。水的使用权也是乡村社会权力关系在水资源控制上的体现。"水权通常掌握在上层阶级手中，有威信和威望的人掌握更多的水权；普通村民受文化水平和经济能力的限制无力染指；水权只会在乡村实权派中流转。""乡村中的水利灌溉秩序是相关利益群体势力间的相互协调，达成利益平衡后才得以维系。惯例、陈规、武力、势力是决定性因素。""围绕对现行秩序的维系与破坏发生的水权冲突就是水案，反映的是官府、乡绅和民众之间的互动关系。"基于对明清时期山西洪洞县的水案分析，张俊峰指出水案爆发"不仅仅是水不足引起的，而是与官方和乡族社会对水权的管理与统筹分配有直接的关联，其中蕴含着复杂的社会因素"。在水权纠纷中，"利益所得者利用先年的成规惯例来维持不平等的用水秩序，各种水利组织、乡绅豪霸为夺取水利不惜耗费巨资，以至动用全部社会资源，甚至采取武力以获取一时之利"。此外，体现地方传统社会伦理道德和价值观念的传说，如"油锅捞钱""三七分水"被一些争水者援引为维护特定水权和分水秩序的合理化手段。"为了解决水权纠纷，乡村社会也形成了自己的一套权威机制，依靠的是个人的威信或短期的武力优势，但水案的最终解决依靠的是官、绅、民三方之间的协调。"

赵世瑜（2005）在太原晋祠、介休源神庙和洪洞广胜寺的个案研究基础上，对争水故事中蕴含的权力和象征意义进行了剖析，指出"油锅捞钱"与"柳氏坐瓮""天神送水"等传说故事一样，是处于不同地位的村庄、宗族势力获取水资源控制权的一种手段。针对水利纠纷，赵世瑜认为分水规则并非民间水利纠纷不断的根源，水资源的公共物品特性及随之而来的产权界定困难才是问题的关键所在。张佩国（2012）针对赵世瑜利用西方产权理论中的所有权和使用权概念解释中国经验的路径提出了批判，因为"在非西方和前现代社会，很难找出完全合乎现代意义上的完整的所有权关系及概念。在运用西方式概念之前，应该在反思社会学层次上充分讨论其知识论和解释学意义，而不是简单地套用"。张小军（2007）意识到利用西方近代私有产权制度讨论水权的局限性，从历史人类学的视角出发，以介休洪山泉的历史水权为个案，在布迪厄的资本理论体系基础上，提出"复合产权"的概念，分别从经济资本权属、文化资本权属、社会资本权属、政治资本权属和象征资本权属等方面探讨了水权的复合产权性质。他认为客观资本都可以象征资本化，水权的复合性通过象征资本权属形式体现出来。但在张佩国（2012）看来，复合产权的概念仍未跳出西方式产权理论的樊篱。

第二节　水利与管理

1949 年以来，中国农田水利供给制度变迁共经历了三个阶段。（1）集体化时期，在政府投资、农民投劳的制度安排下，全国出现了农田水利建设高潮。20世纪50～70年代，全国共建了八万多座大中小型水库，大多数有配套的渠系工程。（2）家庭联产承包责任制后，农田水利开始进入市场化改革，国家逐渐从农田水利建设中退出，投入也开始大幅度减少，农村集体也逐步退出农田水利工程管理的主体位置。由于缺乏管理，农田水利设施老化失修现象严重。（3）税费改革以来，市场化被进一步强化，国家也进一步退出基层水利供给，乡村水利的发展逐渐私人化，农田水利设施的制度安排、投入渠道和机制都发生了深刻变化（陈晖涛，2012）。当前，围绕农田水利管理的研究主要以农村税费改革为背景，从农田水利的公共性和公益性出发，探讨了农田水利供给和组织困境的原因及其对策。从研究层面来看，大部分研究主要集中于村庄和灌区两个层面。

一 农村水利供给

在村庄层面，针对农村水利困境的原因，罗兴佐等（2005）认为"乡村水利供给严重不足是由市场失灵和国家缺位所导致的"。一方面，农业用水市场的建立不仅需要水利工程单位转变经营机制，还需要市场中的买卖双方具有稳定的合作关系。但面对分散的农户及不稳定的水需求，水利工程单位因为成本收益逆差的存在很容易陷入困境。因为不仅农户的水需求受自然因素影响，而且农户还有很多经营者无法预测的替代性选择。另一方面，"政府在投资、管理、组织上的缺位，最终导致了水利工程单位举步维艰，农田水利建设严重萎缩的糟糕局面"。刘岳等（2010）从制度和组织层面对当前农村水利供给所遭遇的"双重困境"进行了分析。"税费改革前，联产承包责任制虽然导致原先的集体生产组织基础不复存在，但乡村组织通过统筹共同生产费尚能维持以村民小组为单位的集体灌溉模式。税费改革后，乡村组织被禁止插手农户的生产环节"，受经济来源的限制，乡村两级组织统筹能力被弱化，原本存在于村集体与村民之间的责任平衡机制也被打破，农田水利损坏、老化、失修的状况进一步加剧。而在毛寿龙等（2010）看来，农业水利供给模式与社区内村民的自主治理能力相关联。基于在湖北荆门村庄的考察，毛寿龙等就村民的自主合作困境进行了分析，认为"除了单纯市场化取向的改革所导致的基层政府在农业基本公共服务职能上的无政府状态，农民自主合作灌溉的困境是农业经济基础上农民个体意识的增强、社会资本的缺失、理性经济人合作灌溉的搭便车行动、农村土地的产权不清等变量共同作用的结果"。罗兴佐等（2004）认为，乡村水利困境"不仅与宏观层面的乡村组织机制相关，也与微观层面的村庄性质有关"。根据社区记忆的强弱和经济社会分化高低两个维度，贺雪峰等将市场化背景下村庄划分为四种类型，认为不同类型村庄的性质不同，面临水利困境时的解决能力和方案也不同。其中，社会关联度越高的农村，村民的自组织能力和一致行动的能力越强，自足提供水利的能力也越强。相反，原子化程度越高的农村，合作越困难。此外，村庄水系对村庄性质也存在影响。单一化水系的村庄内部，村民的利益取向趋同，有利于村庄的团结和整合（贺雪峰、仝志辉，2002；罗兴佐、贺雪峰，2004）。穆贤清等（2004）从市场化背景下农业的弱势地位出发，指出"农产品市场价格低迷，农业生产资料价格上扬，生产成本增加，从而导致农业生产比较利益持续偏低，因此也影响了农民对水利基础设施的投入。在一些地区，农村社区内部利益分化明显，农民的目标利益一致性倾向减弱，因而影响到灌溉管理中集体行动的发育"。

就如何应对市场化背景下农村水利困境的问题，宋洪远和吴仲斌（2007）认为，农田水利是一种准公共产品，政府不能企望通过产权制度改革将其管理责任完全推向市场。罗兴佐（2005）和毛寿龙等（2010）都认为国家是乡村水利有效供给的重要前提，农村水利制度安排仍需在国家、市场和村民中探寻一种平衡。后者还指出为农户搭建合作平台，帮助村民实现自主治理也不失为破解合作困境的一种方向。王易萍（2012）也提出了类似的看法，认为水利社区化是一个有效途径，可"通过激发村落内生力量形成水利场域中的地方性力量，消弭在国家力量缺失情景下的单轨风险"。贺雪峰等（2006）基于乡村建设实验及对农村改革以来存在的四种农田灌溉均衡的分析，结合农民在市场经济背景下形成的特殊公正观，认为在乡村组织退出农村公共物品供给领域后，可能出现由黑恶势力替代基层政权来供给公共物品，为遏制农村黑恶势力的生长空间，需要将村庄民主纳入国家民主制度，通过利用国家强制力来保障公共物品的供给。

二 参与式灌溉管理

灌区层面的水利与管理研究，大多是在市场化改革背景下对管理体制的探索，主要探讨参与式灌溉管理体制以及作为其组织形式的农民用水者协会。20 世纪 90 年代中期，参与式灌溉管理理念在世界银行和国际灌排组织的支持和推介下进入中国，旨在通过农民用水者协会这种组织形式提倡用水户参与以形成自主治理（李代鑫，2002）。国内关于参与式灌溉管理的研究大多集中于对参与式管理体制的推广上，强调参与式管理的必要性，重点关注如何促进农户参与水管理。也有学者对这种管理机制进行了反思。

李鹤（2007）指出农村社区参与水资源管理是现有资源权利和权力再分配的过程。基于权力视角下的水权分析，李鹤发现农村社区在宏观水资源管理层面以及普通村民在微观水资源管理层面都存在参与权利缺失。由于缺乏参与决策的机制和能力，参与权利缺失方在水资源的博弈中处于不利地位。李鹤提出可通过完善参与制度，赋予农民水权，建立农业水权的转让和补偿机制，矫正参与权利的缺失。汪力斌（2007）基于对湖北、湖南和河北地区农民用水者协会的调查，从性别角度分析了农民用水者协会对妇女所产生的社会经济影响以及限制农村妇女参与协会管理的原因。为促进妇女参与灌溉管理，汪力斌提出应建立相关机制，在提高妇女参与灌溉管理能力的同时，通过开展社会性别培训增强妇女社会性别意识，并充分发挥妇联组织的作用。

陈靖（2011）以甘东灌区为个案，认为农民用水者协会制度本身只能作为一种管理理念出现，无法完全地作为经验来推广，其本身所具有的限度源于政府的撤出致使民间组织失去依靠，灌区管理仍需要政府部门的介入。虽然农民用水者协会旨在通过用水户的自主参与形成自主管理的局面，但在实际改革过程中，农民并没有过多地参与到管理中去，选举产生的执委会也并没有体现太多自主管理的特征，改革的成功主要来自政府力量的扶持。丁平等（2006）指出，由于灌区的产权不明晰，农民用水者协会在运行上仍难摆脱来自上级行政单位和村行政的干预，农民用水者协会虽然以水文边界划分，但仍以行政村组建，村级行政对农民用水者协会的干预仍大量存在。但在仝志辉（2005）看来，农民用水者协会无法内生并非缘于水利设施的产权不清，而是农民的集体行动能力问题。大多农民用水者协会由政府和专业水利部门大力推广，而非农民自发成立，农民被赋予的更多是参与权而非决策权，未能改变水管理中不平等的水控制权，因此使得农民的参与式管理难以实现。

第三节　水权与水市场

国内关于水分配的研究大多以水资源的自然稀缺性为出发点，以新自由主义为信条，把水资源当作一种商品，基于产权经济学理论，试图通过明晰水权、建立水权交易市场，利用市场机制引导水权的流转，实现水资源的优化配置。在新自由主义视野中，水分配就是一个经济问题，也等于市场问题，水在流动中只有效益，没有需求。围绕水权和水权市场的建立，很多学者进行了探索研究，以下主要对水权概念的界定、水资源商品化、水权初始分配原则以及水市场三个方面的相关文献进行梳理。

经济学视角下的水权概念衍生于西方现代产权理论。关于水权的讨论集中在这一理论框架之下，主要有三种观点。第一种观点认为水权就是关于水资源的使用权（周霞等，2001）。姜文来（2000）认为水权是水资源稀缺条件下人们对有关水资源的权利的总和，最终可归结为水资源的所有权、经营权和使用权。而汪恕诚（2000）认为水权就是指水资源的所有权和使用权，只有在有了使用权的前提下才能谈经营权，所以最主要的是所有权和使用权。沈满洪和陈锋（2002）认为产权的实质是由于物的存在和使用而引起的产权主体之间的行为关系，因此水权也就是水资源的所有权、占有权、支配权和使用权等组成的权利束。

水资源以往被视为"理所当然的公共物品"。在新自由主义主导的经济全球化背景下，以 1992 年在都柏林召开的国际水资源会议为转折点，水资源首次被定义为商品。对水资源属性的认识不同，对水资源商品化所持的态度也不同，主要有三种不同态度：支持派、反对派和中间派。支持派认为水资源是一种需求，应该由市场来满足需求，水资源商品化、市场化可提高水资源利用效率，缓解水资源供需矛盾（余映雪，2006）；反对派认为水是全人类的公共财产，不属于任何个人，水资源商品化无法保证公众平等的用水权（巴洛、克拉克，2008）；第三种观点是前面两种观点的折中，认为水资源具有私人物品和公共物品的双重属性，作为私人物品的水可以商品化，作为公共物品的水应该在政府管控下进入市场（李创等，2002）。

针对水权初始分配，学者主要对分配原则的内容及优先权顺序进行了探讨。石玉波（2001）认为应遵循下列原则：优先考虑水资源基本需求和生态系统需求原则、保障社会稳定和粮食安全原则、时间优先原则、地域优先原则、承认现状原则、合理利用原则、公平与效率兼顾原则、留有余量原则。在王治（2003）看来，水权配置应首先考虑人的基本生活用水需求，这种水权不允许转让，其次是农业用水，再次是生态环境的基本需求用水，最后是工业等其他行业的用水。陈志军（2002）认为水权分配优先权顺序的确立，关键在于对用水户进行分类，对不同类型的用水需求分别采用不同的水权配置原则和管理办法。社会用水大体可分为生活用水、经济用水和公共用水，与其对应的分别是基本水权、竞争性水权和公共水权。其水权分配的优先顺序是：基本水权、公共水权、竞争性水权（沈满洪、陈锋，2002）。

2000 年 11 月，浙江东阳和义乌两市签订了有偿转让用水权的交易协议。这也是中国首例水权交易事件，被认为是中国水权市场正式诞生的标志，同时引起社会的广泛关注。但有学者指出，这起交易的主体是两个县级市政府，而非完全由市场机制所配置（沈满洪、陈锋，2002；王亚华等，2002）。就目前来看，中国的水权市场并未完全形成。关于水市场，总体上有三种观点，即水资源无市场论、水资源市场论和水资源准市场论。大多数学者持第三种观点，认为在计划经济向市场经济转型时期，中国的水市场只能是一个准市场（沈满军、陈锋，2002）。汪恕诚（2000）指出，水市场不是一个完全意义上的市场，而是一个准市场。胡鞍钢等（2000）提出，从本质上来看，对稀缺性资源进行的分配也是一种利益分配，如何在不同主体间对利益分配进行协调是水分配问题的核心。针对流域水资源分配，胡鞍钢等认为应采取既不同于指令配置也不同于完全市场的准市场，其实施可以由政治民主协商制度和利益补偿机制等辅助机制来保障，以协调地方分配，达到兼顾优化水资源配置的效率目标和缩小地区差距、保障农民利益的公平目标。

第四节　水政治与水攫取

由于水具有时空分布不匀性，因此围绕水的社会场域也具有较强的地方性。根据区域特性和关注层面及主体的不同，Mollinga（2008）认为，关于水政治的研究可以分为五类：社区层面的日常水政治；国家层面的水政策政治；国与国之间的水政治；全球水政治；第五类水政治主要考察前四个政治层面之间相互影响和形塑的关系。国内大部分水政治研究关注的是跨国流域中的水冲突问题，探讨的是围绕水的国家关系。也有学者对国内不同行业间如农业和工业，以及流域内不同用水主体之间的水冲突进行了讨论，但大多数研究围绕的是如何应对的问题，多从管理体制和产权角度而非政治角度对水冲突的形成原因和解决对策进行了分析，共通点是将水冲突问题视为管理问题，认为可以通过经济手段和制度改革来解决。其代表性观点为，水冲突的实质是不同用水者之间在水权方面的冲突，原因在于水权界定不清，应该建立水权的转让和补偿机制（李鹤，2007；戎丽丽等，2007）。本研究关注的是村庄社区内部的水分配政治，在上述关于水政治分类的框架中属于微观层次的日常政治研究。

围绕研究主题，本部分将主要对当前国际发展领域中关于水攫取的研究进行梳理。在 Mehta 等（2012）看来，水攫取意指强势群体为迎合自身利益需求，对弱势群体的生计和生存环境所需水资源的控制和分配。水资源被攫取的过程，也意味着弱势群体的水控制权、针对谁何时如何用水，以及收益分配的决策权转移到强势群体手中。水资源攫取和其他资源攫取类似，但存在两个特殊性：一是水对维持生命具有不可替代的作用，直接关系着人的生存；二是不同于其他固态资源，水是流动的。历史地看，水资源攫取并非一个全新现象。如在一百多年前，美国洛杉矶因遭遇水资源短缺，攫取了欧文斯谷地居民的大量水源。洛杉矶迅速从十万人的沙漠小城发展成了拥有八百万人口的世界大都市，而欧文斯谷地却从水草丰富的农牧区变成了贫瘠的盐碱地，当地的生态环境遭到严重恶化①。

不同历史背景下的水攫取现象体现出不同的特征。当前学术界对水资源攫取研究的聚焦，主要源于国际学者对土地攫取现象的关注。尤其是在 2008 年，全球粮食价格出现上涨后，为保障粮食供给安全，减少对国际市场的依赖，很多国家开始推动私人资本进行境外农业投资，主要在全球自然资源丰富但资本相对匮乏的国家大规模购买或租用土地用于粮食作物的种植。这引发了很多学者对全球大规模土地投资热的关注。尽管土地和水之间存在着密切的联系，以粮食作物和生物能源作物种植为目的的土地攫取也伴随着水攫取，但水攫取问题在这些土地交易中并没有得

---

① 《洛杉矶：把水"还"给欧文斯河》，中国水网，2007 年 2 月 12 日，http:// www.h2o – china.com/news/55114.html，最后访问日期：2014 年 3 月 4 日。

到应有的关注，甚至在很长一段时间内是被忽略的。此外，近年来，石油能源的日益枯竭以及温室气体排放带来的气候变化引发了公众对能源安全的担忧，为寻找替代能源和再生能源，生物燃料生产和水电发展受到热捧，但同时也增加了对水的需求。日趋严重的能源危机以及全球化背景下粮食价格的上涨，是水攫取现象背后的主要推动力。

以 Woodhouse 和 Ganho（2011）的研究为转折点，水资源攫取作为隐藏在土地攫取背后的重要议题开始备受重视。该研究发现，很多外商投资农业的土地交易集中在有水源保障的地区，干旱地区的土地交易很少，因为没有水源保障的土地对于以作物种植为目的的投资商来说是没有意义的，土地只是水获取的前提条件。在选择地块的时候，水源往往是投资商的首要考虑条件。尽管主流话语宣称生物燃料作物需水量很少，但事实证明商业化种植对土壤和水源有很高的要求，投资商实际需要的是能够带来高产量而非贫瘠或缺水的土地。围绕水攫取还存在一些合法化叙事，很多政策话语将一些水资源表征为"闲置的"资源，以为这些水资源可以用于生物燃料作物的种植，不会威胁粮食安全。尽管很多投资商在土地流转合同中没有对水需求进行说明，但事实上，外商投资农业会和当地原有的水资源使用者产生水竞争（Franco et al.，2013）。在 Mehta et al.（2012）看来，虽然水攫取在不同社会场域中所体现出来的形式存在很大差异，但总体上存在一些共同特征。首先，水攫取现象的出现并没有固定的区域性。从已有的研究地点分布来看，大部分研究集中在南非、南亚、东南亚、北非、拉丁美洲和中东，并且具有全球化趋势。其次，水攫取更多是以资本营利为导向，实质是对水控制权的攫取。再次，水攫取过程具有复杂性，其中存在政府和资本的联盟关系，充满不同主体间的协商和竞争，穷人在水争夺过程中往往扮演失败者的角色。

由于水具有流动性和季节变化性，因此水资源攫取具有较强的隐蔽性。Duvail et al.（2012）认为，不同于土地攫取带来的直接性影响即地权转移，水攫取的影响往往是间接性的，不仅在时间上具有滞后性，而且在空间上具有扩散性。最初关于水攫取的研究，集中关注的是出现在非洲等国家以大规模种植生物燃料和粮食作物为主的外商投资农业的探讨上。随着学者对水攫取现象的聚焦和研究视野上的拓展，Mehta et al.（2012）指出，在很多情境下，水本身就是攫取的对象，其用途并非仅限于作物种植，也可能被用于矿业加工和水电生产（Sosa and Zwarteween，2012；Wagle et al.，2012；Matthews，2012；Islar，2012）。Sosa and Zwarteween（2012）对秘鲁安第斯山北部的私人矿业开采和加工背后的水攫取现象进行了研究，指出矿业加工背后的水攫取不同于土地攫取，水并非直接的攫取对象，水攫取是在采矿和矿产加工的过程中实现的。矿产公司利用自己的政治经济优势地位，控制并剥夺了当地人的水权，破坏了当地的水环境，使当地人的生计脆弱性增强。矿业加工带来的水质污染，给下游居民的生存与健康带来了很大影响。Matthews（2012）关注的是泰国私人投资商在老挝湄公河岸进行水电生产背后的水攫取现象。水电加工虽然并不产生水的绝对消耗量，但投资商对水源和流向的控制影响着当地人可获取水的时间。水电生产背后的利益分配并不是均等的，强势群体控制着收益，给当地人与水有关的生计活动以及环境都带来了负面影响。Islar（2012）对土耳其水电发展私有化带来的水攫取进行了考察。土耳其为了减少外部能源依赖，鼓励私人投资水电生产，并将河水的使用权租给投资商长达 49 年。政府的新自由主义改革导致水权转移至私人投资公司手中，水权的重新分配对河流周边农村社区居民的水权产生了排斥。此外，对水攫取的关注不仅仅是水量方面，还有水质方面，因为水资源攫取并不必然导致水量的转移，水质污染也是一种驱逐方式（Arduino et al.，2012）。

也有学者从法律多元化视角出发，对水攫取过程以及地方水权遭到破坏的现象进行了分析。在法律多元化的视角下，正式法和非正式法赋予水权的内容存在差异性。如在正式法框架下，政府期望看到统一和稳定的水秩序，以便于控制和干预，但根植于地方文化、具有多样性的地方性水秩序在官方的视野中往往是无序，甚至是不可见的（Zwarteveen et al.，2005）。法律多元化也是水攫取现象产生的一种制度背景。多元化法律秩序下，关于水权的界定具有很多模糊性和不确定性。这些不确定性为水攫取的出现提供了空间（Franco et al.，2013）。

在有的水攫取案例中，政府扮演着重要角色，通过对水资源进行私有化和去管制化改革，为外来投资商获取水控制权提供制度上的合法性。印度于 1991 年开始经济改革，自由化、私有化和全球化的发展目标吸引了很多国际私人投资商进入印度进行各种投资，加剧了对水资源的需求，水逐渐成为私人部门竞相争夺的资源。在这种背景下，印度西部的马哈拉施特拉邦首先实行了水部门改革，建立了可交易水权体系，从制度上为私人资本进行水资源攫取提供了合法性。Wagle et al.（2012）基于对马哈拉施特拉邦内 16 个水坝工程的考察，对印度经济改革过程中出现的水资源攫取进行了政治经济学分析。他们的研究发现，当地政府以改革和提高用水效率的名义，对水政策及法律做出偏向于私人资本的调整，为水攫取提供了制度上的庇护。权贵联盟成为改革的最大受益者，而农村社区沦为受害者。Bues 和 Theesfeld（2012）以埃塞俄比亚中部的一个小型农业灌溉体系为例，考察了从事园艺种植的外来资本为获取所需用水，对当地水管理制度安排产生的影响。外来资本在政治资源上的优势，以及农民对政府资助的依附性，导致农民的水权流入资本手中。

全球水治理领域内的新自由主义转向，也为水攫取现象提供了合法性。据多布娜（2011）的研究，水管理在传统上是一项地方性公共事务，由地方机构、国家或二者共同承担。始于 1972 年在斯德哥尔摩召开的联合国人类环境会议，水资源问题开始被赋予全球视角。这次会议呼吁全球以共同体的姿态对待环境问题，突破了民族国家的地域视野，同时也标志着全球水政治的诞生。1977 年在马德普拉塔召开的联合国水资源大会，是全球层面第一个以水为主题的大会。这次会议的宗旨是呼吁国际社会积极采取措施，避免水资源危机。马德普拉塔会议形成的行动计划要求各国政府制定水价标准，通过经济刺激手段实现水资源的高效利用。虽然这在一定程度上有市场化的倾向，但在该计划中，水资源仍被明确视为一种公共合法财产，水资源管理仍是促进公共福利的一种手段，其目标并非将水资源私有化。甚至在整个 20 世纪 80 年代，水资源问题在国际事务中并非举足轻重的话题。在新自由主义的影响下，以1992 年的都柏林国际水资源会议为起点，全球水治理话语开始出现重大转向。都柏林会议所形成的都柏林原则，改变了以往对政府规划和调控能力的强调，转而将市场机制视为更好的选择，并将水资源视为商品，树立了从经济价值角度衡量水分配的观念，为市场和私人资本对水资源的捕获提供了合法性。都柏林会议后，水服务和设施以及水本身的商品化开始加速，水成为一种可交易的商品进入世界市场，水的管理权也开始从国家向市场转移。

在 Franco et al.（2013）看来，水资源综合管理框架（IWRM）和参与式赋权理论下的用水者协会也容易导致水攫取的出现。水资源综合管理提倡对水、土地以及其他资源的协调和管理，实现经济利益和社会福利最大化。虽然协调管理、经济利益和社会福利之间的兼顾很重要，但三者之间的矛盾性也让兼顾很难实现。水资源综合管理的概念本身，也是对资源管理背后政治性的模糊，是一种去政治化的提议，容易被某些利益群体作为谋私利的合法性工具，进而导致对有限水资源的重新分配。就水资源的分权管理而言，分权意味着管理单位从行政单位转为流域单位。这种安排虽然能够为流域内整合污染治理提供有利条件，但分权模式所强调的用水者参与管理并不能规避用水者之间不平等权力关系所带来的利益分配不均问题。用水者协会反而能强化强势群体在不平等水分配中的位置，因为不被认可的水资源使用者在协会组建过程中就有可能被排挤在外。针对很多国家用于水管理的用水许可证制度，Franco et al.（2013）指出，正式法框架下的水权管理体系容易对非正式水权产生排挤。在用水许可证的水管理体系中，水资源的使用权取决于政府颁发的许可证，而非正式水权大多是以社区为基础的地方性安排，正式的许可证有国家力量的支持，使这项权利优先于其他非正式权利。用水许可证的注册和发放也意味着对水权的重新分配，容易边缘化非正式水权拥有者在水分配格局中的位置。用水许可证也是当前全球水资源攫取中的一项剥夺机制。近年来，公司力量开始在水资源管理和政策讨论中崛起，其在政策制度上的影响力也关系着水资源攫取的走向。很多跨国公司要求政府提供友好的水资源管理环境，并试图在流域层面的水资源管理中扮演重要角色。虽然很多公司在不断进行技术革新，宣称要提高水资源的使用率，但其用水量之大也在制造着水紧张。水在向高利润经济部门转移的同时，对水源地的粮食安全以及当地人的生计和生存都产生了很大影响。基于强大的经济实力，公司力量也在形塑着水管理领域的政策话语导向，让水治理制度有利于自身的营利目的。国外关于水资源攫取的讨论，为理解宋村工业与农业间水分配结构重组提供了理论借鉴。

本章小结

纵观以上四个不同学科视野下的水研究，已有的研究成果对本研究具有借鉴意义。社会学视角下的水利社会史研究，侧重微观层面的实地研究，具有较强的历史视角，注重对碑铭、村志等地方性史料的收集，旨在通过考察水利的组织方式以及水资源的使用和分配等，理解和透视不同历史时期背景下区域社会的形态。这类研究一方面为本研究更好地理解农村水利的历史和社会含义提供了方法论上的指引；另一方面在分析层面有助于本研究从水所嵌入的社会关系来理解水分配问题，避免就水谈水。

相对于水利社会史研究，管理学和经济学视角下的相关文献，分别关注当前市场化背景下农田水利供给困境和灌区管理模式，以及该如何建立水市场以优化稀缺性水资源配置的问题，大多数研究侧重对策研究。水攫取研究是当前国际的研究热点，关注弱势群体水权被掠夺的现象，为理解水资源的不公平分配现象提供了一个政治视角。国内的水政治研究大多探讨跨国界流域的国际政治，针对水攫取的研究较为少见。国内学者探讨更多的是作为水攫取结果的环境问题。总的来看，围绕本研究主题，上述文献主要存在三个方面的不足。

第一，从研究对象来看，国内大部分的水研究主要关注灌溉用水，对村民生活饮用水以及出现在村庄的非农生产活动与农业之间的争水现象关注较少。单就灌溉用水来看，近年来，中国农业生产的经营主体开始走向多元化。除了传统的小农生产，很多公司和私人资本开始涉足农业，对灌溉水源提出很大的需求。此外，随着工业、水电厂等外来需水主体的进入，农村既有水资源在不同主体间的再分配以及使用方式关系着农村发展以及当地人的生存问题。但是，在当前的水研究中，水分配政治作为一个隐性话题并没有得到应有的重视和讨论。这也是本研究所试图呈现和讨论的内容。

第二，对水权的理解大部分倒向了新自由主义，很多文献中的水权概念指经济学视角下的水权，以经济学产权理论为基础，强调水资源的私有化，但这类概念不足以解释实际的水分配过程。理解水分配应该关注和考察水分配过程中不同利益主体之间的权力关系。国内的水分配研究大多从经济学理论出发，从问题的提出方式来看，更多回答如何应对的问题，即如何利用经济手段对有限的水资源进行优化配置。有些经济学视角下的文献和讨论不乏预设性前提，其背后关于水分配的理念也是值得反思的，如水资源应该被视为商品，由市场来配置。

第三，针对水冲突和水争夺的探讨多以显性冲突为主，对隐性的未公开爆发的水冲突关注不足，后者在表面上呈现的平静状态很容易遮蔽背后不平等的水分配。中国也有学者对国内不同行业间如农业和工业间，以及流域内不同用水主体之间的水冲突进行了讨论，但大多数研究围绕的是如何应对的问题，多从管理体制和产权角度而非政治角度对水冲突的形成原因和解决对策进行分析，共通点是将水冲突问题视为管理问题，认为可以通过经济手段和制度改革来解决。

基于对上述诸种研究的借鉴，本研究将从政治学视角出发，以宋村为切面，对村庄场域内水分配过程的机制和逻辑以及在认知层面上支配水分配的价值和理念进行探讨。

| 第二章 |

生产用水界面的水分配：
隐性的水资源攫取

在官方的水视野中，位于太行深山区的宋村属于自然性水短缺地区，但自然性水短缺的表征并非现实的全部。宋村是传统的生计型农业社区，村庄水图景的变化始于农村工业的出现。始于20世纪90年代，中央和地方的分税制改革尤其是农村税费改革后，随着国家与地方关系的"财权上收"和"事权下放"，"招商引资"成为地方政府寻求经济增长的重要手段（周飞舟，2006）。宋村所在地方政府为提倡"招商引资"，曾多次召集村干部开会，鼓励村庄为投资商提供便利条件。"不能守着金饭碗要饭吃""自己不开发要给别人开发的机会"等会议精神，成为地方寻求经济发展的主导原则。2003年以后，随着铁粉价格的一路上涨，选铁厂的利润空间迅速膨胀。在地方优惠政策的推动下，依托当地靠近铁矿山的区位优势、较为便利的交通和

"丰富的"水源，先后有十家选铁厂进入宋村，主要进行铁粉的筛选加工。在铁粉的加工流程中，水是必不可少的生产要素。作为新的用水主体，选铁厂的出现对宋村的生产和生活用水都造成很大的影响，但随之出现的水资源分配重组在自然性水短缺的标签下却是隐性的。针对强势群体为实现自身资本积累，掠夺边缘弱势群体水权的现象，Mehta et al.（2012）将其称为水资源攫取。选铁厂在宋村的水获取实质是一种水攫取。

国内相关研究主要从环境社会学视角出发，对水资源攫取所带来的环境问题进行了分析和探讨。如陈阿江（2000）以太湖流域东村为个案，从社会学角度对当地水域工业污染的原因进行了分析，认为"利益主体力量的失衡、农村基层组织的行政化与村民自组织的消亡以及农村社区传统伦理规范的丧失"是主要因素。王晓毅（2010）从文化角度出发，认为农村和外界力量之间知识和权力的转移是导致发展背景下农村环境问题的重要原因。以上研究虽然视角和侧重点各不相同，但存在的共识是，水污染问题并非单纯的环境或技术问题。在本研究看来，水污染是水资源攫取所带来影响的结果性体现，水资源攫取在本质上是一个关乎水资源分配的政治问题，关系着被攫取方的生计和生存利益。

在主流叙事中，农村工业通常被认为是农村发展的动力和进步的象征，展现的是"双赢"的理想图景，如"能就地转移大量农村剩余劳动力，提高农民的收入水平，解决宏观经济中的内需不足问题"（李彦昭，2008）。对于披着"发展"外衣，隐藏在农村工业生产中的水资源攫取现象，应该追问和反思的问题是，"谁"在如何用"谁"的水，满足的是"谁"的发展？当地村民在水分配重组中的得失各是什么，他们是否有选择的空间？本章将从生产用水界面考察村庄内部的水分配结构变化，并试图揭示自然性水短缺表征背后农村工业在村庄进行水资源攫取的过程、机制及影响。

第一节　村庄的水利景观变迁

水利是农业的命脉。在阿柏杜雷看来，物是具有社会生命的（舒瑜，2007）。作为村庄的"物质性因素"，从微观层面来看，水利是嵌入在村民的日常生活之中的，与村民的生计活动密切相关；从宏观层面来看，水利景观的变迁折射着水利所嵌入社会结构和观念的变迁（朱晓阳，2011）。最早将水利纳入社会学研究视野的西方学者魏特夫，在《东方专制主义》中首次提出了"治水社会"的概念，认为东方国家专制主义制度起源于大规模水利灌溉工程的修建，需要一体化协作及强有力的管理和控制。但在魏特夫的治水场域中，只有强权国家影子，被忽略掉的是社会的自治力量。针对魏特夫的治水国家说，以格尔兹、杜赞奇、弗里德曼为代表的人类学家从不同角度给予了回应，并为国内水利社会史的兴起和发展奠定了基础。在王铭铭（2004）看来，水利社会"是以水利为中心延伸出来的区域性社会关系体系"。与国内众多水利社会史研究关注的对象所不同的是，宋村的水利系统相对独立，有两个原因：一是山区的耕地面积较小；二是与邻村的距离较远。宋村的灌溉水源主要依赖沧河水和雨水。沧河是一条季节性河流，春冬较旱，夏季雨水较多，易犯洪水。一本出版于20世纪80年代的地名志，把沧河水的变化描述为"夏涨害稼"。新中国成立前，由于水利设施缺乏，当地人饱受干旱和洪涝之灾。在村里老人的记忆中，洪水的出现总是伴随着堤岸的垮塌和耕地的淹没，"地都被冲走了，都被冲成大河套了"。当时的灌溉工具也较为简易，被当地人称为"挑兜"。所谓的"兜"，是用柳条编成的筐，"挑"是基于杠杆原理的一个挑杆，被吊在木头做的支架上，一头用绳子拴着兜，另一头是石头。用挑兜灌溉需要至少两到三人合作。这种灌溉工具的作用是提水灌溉，是村民利用地方知识和技艺根据耕地和河水之间的地势差所设计的，其使用一直延续到集体化时期。

宋村的耕地变化以及成体系的水利设施修建始于农业学大寨运动期间。农业学大寨的口号是毛泽东于1964年提出来的。20世纪70年代，在"自力更生、艰苦奋斗"的大寨精神口号下，全国掀起了农田水利基本建设的高潮。在农业学大寨参与者的回忆中，当时的劳动场面仍然是鲜活的，"人山人海、彩旗飘飘、号声阵阵、热火朝天"，"鼓舞人心、令人难忘"，还有仍能萦绕耳旁的口号式的民谣，

"寒风呼啸雪花飘，整修梯田掀高潮，男女老少齐上阵，革命干劲冲云霄"[①]。在此过程中，农民对集体化的认同也得到强化。村民至今还在沿用集体化时期的指称，仍习惯将"乡政府"称为"公社"，将"村委会"称为"大队"，将"村民小组"称为"小队"。宋村一位81岁的老人回想起当年村庄集体学大寨修河坝、在河滩地开垦耕地的场景时，不由地感叹，那时的人们"精神状态很好，劲头儿高着呢"，"都是傻人们，（天）还黑呢就起了，中午不吃饭，背大石头放到河边，小的背，大的抬。赶到三十儿才放假，二十九还在做活。正月初三就要上班去撑（造）地"。

在这场轰轰烈烈的学大寨运动中，宋村村民利用两个冬天的农闲时间，共在河套里修了两条拦水坝预防洪灾，并在河滩地上用人工开垦出一百五十亩耕地，还修建了配套的水利设施。两条主渠主要用于引河水灌溉，三个灌溉井用于河流干旱时的备用水源。河滩地以河卵石为主，开垦出来的地土层薄。为了便于种植，村民在村东山根旁边挖运泥土用于垫地，但蓄水性很差。村民介绍，"俺们这地撑的时候就是挖了地河呢，在大河套挖上了沟，垒上墙，再垫土变成耕地。过了秋，都不敢使劲耢那地，要不就耢到石头了。就垫了那么一点土，种点麦，收点粮食"。除了河边的土地开垦，村庄往北延伸的三道沟里都有开垦出来

---

① 《"农业学大寨"时的民谣》，《齐鲁晚报》2013年10月29日，http://news.163.com/13/1029/19/9CCKI81I00014AED.html。

的地，其中一个因为地多，被称为"人造小平原"。

三个灌溉井中的两个是以小队为单位修建的，一个是大队组织的。农田水利灌溉设施的修建也将村庄的耕地分为两类：旱地和水浇地。灌溉系统能覆盖的耕地被称为"水浇地"。在宋村的耕地中，旱地居多，水浇地主要位于河边。以农业学大寨运动为转折点，宋村的水利景观第一次发生了历史性转变。水利灌溉网络系统的建立也给宋村村民带来一定的生存保障，如水患的消除、农业抗旱能力的增强以及村庄粮食自给自足能力的提高。集体化时期，根据国家的统购统销政策，宋村需要上缴统购油料，主要为花生。为了交够国家规定的油料，宋村大部分耕地在农业学大寨之前被用于种植花生。当时的农作物只有一茬玉米，难以满足村民的生活所需。一位老人回忆，过去"粮食买不了，粮食产地只供城市，不供给村里，村里粮食禁止买卖"，"粮食不够吃，半年穷，半年富；一冬天打那么一小点儿棒子，一家才分三百斤棒子糊，六七口人，一冬天都不敢吃，就吃点山药、萝卜，等不到二月，就没吃的，就等着国家的统销粮"。

河滩地的开垦和水利设施修建完成之后，村民开始加种冬小麦，将之前一年只种一季玉米的农耕安排调整为一年两季农作种植，即玉米和小麦。粮食自给产量的增加，开始让村民觉得"生活好过了一些"。由于人工开垦出来的耕地土层薄，水容易流失，而种植麦子需水量相对较大，收割前至少要浇十次水，因此有效灌溉在确保小麦收成方面起着重要作用，同时也影响着当地人粮食自给自足的能力。集体化时期的农田灌溉主要以生产队为单位，小队长负责派人浇地，记工分。河里有水时，优先引河水自流灌溉，小队之间相互协商，通常按照耕地所处河流上下游的位置先后完成。为提高旱地的粮食产量，对于水渠无法覆盖的耕地，就借用灌溉工具从灌溉井或河边的蓄水坑中取水。村庄修完水渠之后，传统的灌溉工具"挑杆"开始被基于机械原理需要人力或畜力带动的"水车子"取代。在柴油机出现之前，村庄的灌溉对人力的需求较多。村民也多感叹"浇水不容易"，尤其是碰上春旱，"水供不上，套上驴，黑天白日不闲着"。村里最早的一台柴油机是大队购买的，使用权归大队所有，"谁浇园，谁就抬柴油机去浇"，小队负责购买柴油并派两到三个工负责抽水设备的看管和耕地灌溉。"生产队的时候，地统一种，派个人记工分，抬着柴油机，这个水坑没水了，上那个水坑浇。"

农村经济体制的市场化改革过程，不仅是给农民"松绑"的过程，也是国家不断退出农村生产领域的过程。与此同时，脱嵌于集体的个体也被不断卷入市场的浪潮中（阎云翔，2012）。家庭联产承包责任制在宋村的落实始于1981年秋。宋村的主村部分过去由一队和二队两个生产队组成，以村南山石为界，往西为二队，往东为一队。由于人口增加，两个生产队在分地时分别被拆分成一队、五队和二队、六队。分地是以小队为单位按照平均分配的原则进行的。二队、六队的地要多于一队、五队，但人数也较多，平均之后，二队、六队的人均耕地面积要少于一队、五队，前者人均五分耕地，后者人均六分耕地。村庄的耕地分为承包责任田和自留地。责任田主要种植粮食作物，自留地主要种植蔬菜。税费改革前，通过共同生产费的统筹，村集体仍维持以原有的小队为单位的灌溉模式。税费改革后，村集体完全退出农田水利管理的主体位置，集体所有的抽水设备也被逐步发包到各户，乡村水利的供给更加趋于市场化和私人化，农田水利设施开始老化失修，陷入"没人管"的局面（刘岳等，2010；陈晖涛，2012）。一位在集体化时期做过看水员的村民这样描述改革后村庄农田水利供给的变化，"刚分队的时候，有那个旧摊儿，有柴油机，有水泵，人们习惯，到时候修修水渠整整，后来没人修水渠了，浇不了，一旦用水没有人管了"。村民浇地只能自己想办法，"和在生产队里不一样，浇地要排队，浇完你的浇我的。有自来水的就用，没有就想办法抽。抽水也要排队，抽水要花钱，是有代价的。有的地看着都快旱死了，那边还排队呢，等不及的就自己抽水浇了，都是自己想办法"。

抽水设备往往需要柴油或电力驱动，这也意味着需要花钱购买柴油或支付电费。相比之下，河水不用花钱，因此被当地人称为"自来水"。为了规避灌溉费用带来的现金压力，村民都倾向于优先使用河水。从麦子的生长过程来看，五月是麦子的抽穗扬花期，也是需水的高峰期，灌溉水量的充足与否直接影响着小麦的产量。就沧河而言，四五月的沧河属于旱季，河水较为紧张，村民在水需求上的张力较大。曾出现过为争水而吵架甚至打架的现象，但主要争的是不用花钱的河水，即村民所言的"自来水"，而非花钱用柴油机或水泵抽的水。也有村民为了等"自来水"，故意避开在白天用水，而是半夜"提着马灯"去地里等水。一位老年人这么讲述了晚上去浇地的亲身经历，"西河套那边，我有一亩多地，黑天后我去浇地，都转了向。摸不着那水轮廓。后来就往上走，顺着那轮廓下来走到麦地里，不晚上去就摸不着水呢，要等好几天才摸着水，人们都抢着浇呢……排队呗。谁先去，谁先浇"。

村民在灌溉时，都会安排家人在水渠旁边看着。虽然也存在一些偷水现象，但很少见。偷水者被评价为"人性次"，即人品不行。这种评价通常用于违背社区内部道义标准的人。与公地悲剧理论中经济理性人的假设不同，村庄社区作为一个熟人社会存在道德秩序，其约束力维系着村庄先来后到的农业灌溉安排。此外，村民的"等水"和"争水"，从侧面反映了水在维系村民粮食安全以及农业在当地人生计方式中的重要性。

2003年以后，伴随农村工业的出现，宋村的水利景观发生了转折性变化。宋村的铁矿资源较少，但邻近的区域有很多铁矿。村民张宏喜介绍说："我们这个地方矿不多，没有什么矿，甘河净、虞城岭那边有些国家的矿，下来还有一些小散矿，还有乔河运来的。但炼铁粉都集中到这个村里来了。方圆多少里地都往这里运铁矿石，选厂都集中到河边，有水啊，没水怎么开矿。就是奔着河水来的。"矿区平地少，不利于铁矿石的加工和铁粉的筛选，而宋村在水、电、路上的便利条件和区位优势吸引了很多私人投资商。

选铁厂主要是将铁矿石中的铁粉筛选出来。在加工流程中，首先需要用破碎机将铁矿石粉碎，然后用磁选机吸出铁粉，同时不间断地用大量的水冲掉剩余的碎石粉末。因此，水在筛选铁粉的过程中是必不可少的生产要素。被冲掉的碎石粉末等残渣也被称为尾矿。

在市场化背景下，选铁厂的进入加速了村庄在社会、经济和环境方面的变迁。"整个社区迅速热闹、活跃起来，各式运输车辆在乡村的道路上穿梭不停。"（张丙乾，2005）很多之前在外务工的村民得知家乡有了选铁厂后，开始返乡就业，用自己的务工积累买车跑运输，主要用于拉送矿石和铁粉。很多外地人也被吸引到宋村开起了维修部，专门修理选铁厂的磁选机和来往的汽车。选铁厂给当地提供的非农就业机会，也提高了一部分村民的现金收入。随着村民经济状况的改善，村庄陆续出现了五个小卖部和一个蔬菜店。

然而，铁粉的加工也伴随着高耗水量和排污量。堆积在村庄山沟中的尾矿不断蔓延，对村庄的用水造成很大影响。为给铁粉加工提供稳定的水源，每个选铁厂进入村庄后都在河边征地并修建了比村庄灌溉水井更深更大的蓄水池，直接从河里引水或拦截地表水。选铁厂的蓄水池有些还被围上了铁丝网，并挂有"水深危险"的警告牌。这些用于工业生产的水利设施不仅占用了村庄大面积的耕地

（其中大部分为水浇地），而且破坏和割断了用于农业生产的水渠体系。

选铁厂出现一年后，由于河水被大量圈占，村民可用水量减少，当地农业种植结构发生了变化，一年两季的农作安排因为"缺水"改为一季抗旱型玉米。在村民的记忆中，村庄过去"沟沟叉叉哪儿都有水"。"过去水不少，都让选铁厂这一占那一占占没了"，"老百姓浇不了麦，就种一茬"。由于"缺水"，村庄之前的水浇地都变成了旱地。"百分之九十五的都不浇水了，就是吃菜园用点水。河套里的水还不够选铁厂用呢。"除了自留地蔬菜种植需要浇水外，村庄大部分耕地主要依赖雨水灌溉，即村民所说的"靠天吃饭"。

在村民"缺水"灌溉的同时，村庄河道里是不断从选铁厂排出的带有水泥色的滚滚污水，浑浊不堪，对河流的水质造成了很大影响。水污染开始进入当地人的意识和话语体系，"早先不知道有污染，有了选铁厂之后，才知道水有污染"。村民在放羊的时候，为了不让羊喝污水生病，改在村庄的北山上放牧，让羊在山沟里饮水或者拎井水喂羊。

除生产方面的影响外，河水的社会功能也在消失。村里的妇女不再结伴成群去河里洗衣，"早先热了在河套里洗洗（衣服），现在河套都是浑的，不敢洗。没水挑水在家里洗衣服，也不去河套"。炎炎夏日在河里游泳的清爽和抓鱼儿的记忆也开始被封存。很多村民感叹："九几年不开选场的时候，我们这河里的水根本就不断水。当时那个水多清啊，除了水就是沙子。现在你看河套里面哪有水啊？以前那个小鱼有的是，现在连水都没有了，哪有鱼啊？现在有点水都是黑的，连咱们吃的水，我都觉得有污染。咱们这又不是深层水，都是地面地表水"，"以前鱼真多啊，人们用个小棍，用做衣服的针弯个钩，把蚂蚱钩上，一吃一扑棱就出来一个。那时候鱼忒多，现在都没有了"。

一位六年级小学生在一篇题目为《家乡的小河》的作文中，这样描述她记忆中和现在的河流："以前早晨太阳刚升起的时候，小河就像一个亭亭玉立的少女，正在浓妆淡抹地梳妆打扮。可现在那个少女已经不知去向了……现在盖起了工厂，工厂厂主都把废水投到了小河里。河里的水被污染了，小鱼小虾有的死了，有的游走了，水里的植物也都枯萎了。河里的水浑浊了，美丽的小河丢失了。"

总的来看，选铁厂给河水带来的变化，并不单单体现在对村民生活和生产方面的影响，同时也在改写着宋村人对河流的记忆。就生产用水而言，尽管河水有季节性的流量变化，但选铁厂和村民之间的水分配已经被结构化了。本章将在第二部分和第三部分集中探讨选铁厂在挤占村民生产用水过程中的策略、村民是如何应对的，以及二者之间的用水结构是如何被生产和再生产的。

第二节　选铁厂圈水的策略与逻辑

按照中国《水法》的规定，农业用水应该优先于工业用水。但在宋村，尽管村民具有优先的"抽象水权"，但是在实际的用水结构中，村民的"具体水权"是被边缘化的（Roth et al.，2005）。张俊峰（2005，2009）认为，分水规则是相关利益群体协商和竞争的结果。当利益主体结构发生变化时，旧的分水规则就会被改写和重新制定。水分配结构的变化也意味着对水的实际控制权的转移。本部分主要分析选铁厂的圈水策略及其用水逻辑。

一　土地征占与圈水的前奏

土地作为获取水资源的前提，与水本是紧密相连的。正是随着水资源问题的日益突出，在一系列国际会议和政策话语的建构和强化下，针对水和土地的管理被分门别类化，水和土地之间的关系才开始被弱化并产生分离。然而，在这种二分的认知框架下，容易被遮蔽的是以水为目的的土地攫取背后的水攫取过程（Woodhouse and Ganho，2011）。就选铁厂在宋村的水攫取过程而言，土地是其圈占村庄水资源的前奏。水权和地权在不同文化背景下呈现不同的关系。就宋村而言，在当地人的认知中，水权是附着在地权上的。选铁厂对村民水权攫取的隐蔽性，也体现在对村庄土地的征占和补偿中。就农村土地用途变更来看，根据《中华人民共和国农村土地承包法》规定，农村土地归村集体所有，农民拥有土地承包经营权，"未经依法批准不得将承包地用于非农建设"。但是，在当地县级政府"自己不开要给别人开发机会"的招商口号下，村级组织一直被县级政府鼓励为投资商用地提供便利。为了给耕地的"农转非"提供合法性，选铁厂在村庄的征地是在"临时性占地"的名义下进行的。"临时"意指将耕地用于工业只是暂时性的，并不改变耕地在官方视野中的农用属性。关于选铁厂在村庄的土地征占条件和过程，宋村村支书介绍：

> 之前的厂子是乡里引来的，后来的厂子直接找村里。哪儿有资源、哪儿有政策，（开发商）就往哪儿跑。有鼓励招商引资的文件，在县里开会的时候讲过。村里的土地变更需要先报到乡里，乡里去县里统计局，县里给批。厂子往公社每年都交管理费，一年两千块钱。要想办厂子，要先找乡里，或者找县里。县里往下协调。村干部配合选址征地，涉及每户的土地。征地之后，报给乡里，乡里往上报。办理土地临时使用证后，就可以建厂了。手续得拿着占地合同去办。厂子征地上头批了让你用，该怎么给老百姓提供征地补偿，乡里都不管。

在正式法框架中，农民没有权利将土地用于非农建设。但在现实中，农民往往也没有权力拒绝土地被变更为非农用途。权利的缺失以及权力上的弱势，也是当下房屋强拆和土地强征事件频现的原因。农民虽然拥有土地的使用权和经营权，但并不拥有如何使用和处置土地的决策权。此外，相对于城市居民，农民群体在制度性资源分配中的边缘位置以及在社会经济中的弱势地位，也从根本上阻碍了他们所拥有权利的实现。依托当地政府的招商引资政策，资本只要能够疏通与当地政府官员的关系，其征地就能够获得法律上的许可。资本在农村的征地过程，也是权力和资本合谋的过程。作为村庄"当家人"的村干部，在官僚体系的上下级关系中只能"配合"资本进行"选址征地"。由于土地归集体所有，选铁厂征地的合同需要和村集体签订，因此在村庄界面的征地过程中，村干部掌握着很大的决策权。从征地及补偿标准的决策过程来看，村民是被排斥在谈判过程之外的，缺少表达自身利益的话语权。

村民宋金奇（男，65 岁）："厂子老板们刚一来，先找村支书、村主任，他们都给干部们好处费。要不不让他们占。他们来，先投奔干部，大队干部不让他们占，他们就占不了呗。厂子逢年过节给村干部送礼，好处都到村干部手里了。"

村民宋国民（男，58 岁）："户里和厂子没有合同。都是村子和厂子订的合同，只有一个明细表，没有直接签。厂子刚来的时候，大队干部欢迎啊，大队还有钱，还有收入。想占我们的地，我们不愿意，大队的就来做工作，说这么好那么好，一亩地多少钱，一亩地才打多少粮食，一亩地打上三四百斤棒子，五毛钱一斤，就这么算账，划算什么，也是不同意。作价，一亩地产量，多给一点。大队干部就吓唬你，他

们说了算。大队就量，不同意也量你的地，你爱同意
不同意。"

村民宋全林（男，60岁）："园子地是一千一，旱
地是八百。园子地能浇，打粮食多。旱地打粮食少，
按粮食产量来赔偿。通过大队征完了地，可以随便使用。
哪会儿搞厂子也离不了大队。不愿意就说好的，协商
主要是村干部协商。厂子外地人和村里人也说不上话，
不管在哪儿搞厂子都要通过大队。厂子开着也是富了
个别人，老百姓谁也摸不着。富了开矿的，也富了村
里当官的。谁当官谁沾光，他又没分过这个钱。社员
一个钢镚子也没有。"

据村民介绍，选铁厂在村庄的征地合同是由选铁厂和
村集体而非村民个人签署的，合同内容也由选铁厂和村干
部协商而定，普通村民并没有参与决策权。在征地合同中，
村民作为利益相关者，并没有成为甲乙方，而是被放入作
为附件的补偿名单中。选铁厂的投资者作为村庄的外来人，
很难和村里人"说上话"，为获得村庄土地的使用权而积极
拉拢村干部。在村民的描述中，这种拉拢体现为选铁厂给
干部的"好处费"和逢年过节的"礼品"。作为对选铁厂
"馈赠"的回礼以及对上级招商政策的回应，村干部作为
"中间人"在选铁厂占地过程中扮演着积极角色，并利用自
身在村庄的权威为选铁厂占地建立合理性。关于村干部和
选铁厂之间的隐性交易，笔者在村庄的调研期间听村民说，

在一份占地补偿名单列表中看到了当时在任村主任的名字，但是这个选铁厂所占的耕地中并没有这位村主任的耕地。这也是村民说"谁当官谁沾光"的原因，村民这样说也表达了对村干部以及利益分配不公的不满。

选铁厂为了节约成本，在征地时比较偏好用平整一些的耕地。建设厂房和加工区需要将地面进行平整和改造，修成水泥地面以承载加工设备的重量。当地土层薄，很多都是河滩地改成的耕地，一旦铺上水泥，便很难恢复甚至将无法继续耕种。但在征地过程中，村干部不断放大选铁厂能够带来的经济利益，利用非农就业叙事为选铁厂的建立提供合理性，如"比种地强；不用出去打工，在家门口就能挣钱"。村民对选铁厂征地的态度也是分化的，可以分为三类：反对派、妥协派和支持派。持反对态度的村民看重的是土地的长期持续性耕种功能。这部分村民对村庄内部资源的依附性较小。由于村干部控制着村庄内外部的资源，很多持妥协态度的村民在村干部的劝说下陷入了"说不上愿意地被征，也不算反对"的尴尬境地。尽管"不愿意"，但也不想得罪村干部，所以最终选择了妥协。持支持态度的村民分为两类：一类具有非农收入途径，对土地收入不在乎；另一类以老年人为主，他们因为身体病痛，无力种地。总的来看，村干部的这些就业和收入叙事都是从短期的经济收益角度出发，实质是为选铁厂服务，而非出于对村民利益的考虑。村民最初经历选铁厂占地时，不知道选铁厂占地之后要在地上打上很深的水泥，首次签订的占地合同中，只有占地补偿。当村民发现打上"洋灰疙瘩"的地很难再继续耕种时，外加听说附近村庄有人要求选铁厂支付用于恢复地貌的钱，才开始找选铁厂要求增加恢复地貌的现金补偿。所谓的恢复地貌，意思是说，如果选铁厂不再继续占用村民的耕地，需要将所占地恢复成可以耕种的土地，或者连续三年支付每年一千两百元的现金作为替代补偿，由村民自己恢复地貌。就被破坏掉的耕地而言，尽管有恢复地貌作为形式上的补偿，最终或许会以现金形式兑现，但从利益受损的角度来看，村民在转移土地使用权的同时，丧失的还有土地所承载的长期性生存保障功能。一位老年村民就对此表示了担忧，"选铁厂说恢复地貌，山根都给挖出来了，恢复什么地貌。恢复不了。把好地都占了，没地了，吃什么啊"。也有村民说："整个宋村耕地面积是有限的，它（选铁厂）占这些地，将来挣了钱一走，把这些烂摊子撂下，老百姓永远逃不过这个圈，你得在这里生活，特别是年岁大的，年轻的还能出去打个工，年老的还得指着这块地生活。"

土地不单是农村的基本生产资料，除提供就业之外，还承载着社会保障功能（章友德，2010）。除此之外，土地还有一个隐蔽性功能——水的使用权。水是铁粉价格必不可少的决定因素之一，选铁厂通过征占土地获得的不仅是土地的使用权，还有村民的水权，但水补偿在土地补偿中并未得到体现。就选铁厂所提供的补偿费而言，补偿对象只有土地，补偿标准主要依据所占土地的粮食产量来计算，"园子地是一千一，旱地是八百。园子地能浇水，打粮食多。旱地打粮食少。"村民梁书田介绍说："（选铁厂）用水没有补偿，要是征了块地，打了个井，仅地给了补偿。"事实上，选铁厂占用的不仅是村民的土地，还有大量的水。土地的固定性和边界性决定了选铁厂所占土地面积是具体的，获得土地补偿的村民也是特定的。但水是流动的，选铁厂圈水带来的潜在影响具有流域性。这也就意味着直接受选铁厂用水影响的是村庄内的所有村民，但水补偿是完全缺失的，甚至根本未被提及。Duvail et al.（2012）认为，不同于土地攫取带来的直接性影响即地权转移，水攫取的影响往往是间接性的，不仅在时间上具有滞后性，而且在空间上的实际影响范围具有扩散性。宋村距离沧河源头的分水岭黄土岭三十里，但据一位负责公路维修的工作人员介绍，从黄土岭到宋村，沧河沿岸的选铁厂不下二十个。笔者在沧河下游的李村调研时，曾听一位妇女埋怨宋村的选铁厂多，导致河水"变黑"，不能用来洗衣服。尽管如此，土地被征占后，选铁厂付给村民的只有土地的补偿，他们对于水是可以"随便用"的。因此，在村民出让土地时，隐蔽在土地使用权转移背后的还有具体水权的转移，而选铁厂借土地使用权的获取为圈占生产用水做了准备。

二　圈水的策略及逻辑

在 Zwarteveen et al.（2005）看来，水是有限性资源，水

资源使用者之间具有相互排斥性，一方所用的水量决定着其余方的可用水量。由于水具有流动性，因此水资源的利用方式具有很强的外部性。

> 村民李英莲（女，68岁）："（村里）水缺，（因为）厂子多，厂子把水用完了，这儿一个大井，那儿一个大坑，大河里抽水连不上，就挖个大坑，水渗得多，哪会儿用水哪会儿抽。水是大伙的。厂子没来的时候，河水都是清亮的。"

> 村民宋宝银（男，45岁）："为什么河水早先能浇地啊？这会儿厂子一用水，它们用大机器大管子，那么粗，往地下打个井，一个劲儿抽水，那水能少了？河里一点半点的水都让他们给别上了，往他们井里别。河里的水越来越小，一到夏天就没什么水了，就干了。你就用不上唔。对老百姓影响忒大。你想浇（地），河套里也没水，改都改不下来，并不是说水位下降了。要是不找这些矿，它就有水。"

选铁厂属于私人投资，固定资产投资均在一百万元以上，盈利是其首要目的。宋村共有十家选铁厂，但大部分投资商只有加工设备，没有矿山，其中只有两家选铁厂在邻县有自己的矿山。拥有矿山意味着原料供给的充足性。只要有足够的铁矿石原料和盈利空间，除政府封矿整顿等政策因素影响外，选铁厂都会选择全天二十四小时加工运营，工人分成三拨轮换班上岗，每班八个小时。加工的连续性不仅对稳定水源有要求，而且所需水量是不断增加的。据村民介绍，"一开工，河里就没水"。为方便取水，很多选铁厂偏好在河边选址建厂。即使厂址不在河边，选铁厂也会在河边征地用于修建大口水井。这种选择行为也是选铁厂逐水寻地的策略。从占地数量来看，宋村的选铁厂平均各占用十亩耕地。根据所占耕地类型来看，选铁厂用于建设厂房和加工区的耕地百分之七十为水浇地。据村里的老年人介绍，村东有四个选铁厂所占的耕地是村里头等的园子地。为确保所需用水量，所有选铁厂在河边都建有比村庄灌溉水井更深的蓄水池，还通过水利设施的修建或租用来实现对河水的圈占。选铁厂的蓄水池通常深三到十米，而村庄的灌溉井最深为三米。此外，选铁厂还利用资本优势，采用较大功率的抽水设备在河水多时直接从河里抽水。选铁厂采用的抽水设备通常是三寸水泵，每小时能抽约七十到八十立方米水，而村民所用水泵为两寸泵，每小时只能抽十八立方米水。村民和选铁厂之间用水结构的不平等，也体现在抗旱能力的差异上。遇上河流旱季，依托强大的资本优势，选铁厂厂主还会用铲车在河道里挖沙修筑拦截坝，拦蓄上游来的水，再用水管或抽水设备将水引入蓄水池中，抗旱能力较强。为防止有人"偷水"，工厂还会找人负责看水。选铁厂对河水的圈占在使水流"越来越小"的同时，也在挤压着村民的用水空间，并使当地人陷入看到水却用不到水的尴尬境地。

宋村某铁粉加工厂温州厂主："这里水还是挺多的，山上的，好几个地方的水都汇到河里，水是有的。（赶上）河里没水，我们有好几个井，（河边）那个井有十来米，都是钱买的，是以前老百姓种地用的，后来加工加深一点。很深很深，抽上来，这个井里有个人工泵，大得很，不得了，好天气的时候抽水，水往上冲，回水下来，水上去又回下来，回到河里。回水下来就没事，没用多少水。"

村民宋宝银（男，45岁）："下来它们的尾矿渣，抽的那水冲那加工的铁粉，出来的脏水就往河里放，说是回流，环保局不管的时候，就流到河里来了，像那个细沙子，它一个劲儿往河里灌，河里本来这块地方地下往上拱水，被这些细沙子一堵，拱也拱不出来了。对老百姓影响太大。尾矿渣淤了河面，影响地下水和河水之间的循环。百姓地里减产。自己什么都摸不着。"

在范得普勒格（2013）看来，小农农业是人与自然之间的交换和协同生产，为保护和改善生计，常以生态资本的持久利用为基础。"协同生产"也体现在村民按需取水的用水方式上。从用水需求来看，宋村村民的农业生产需求是遵从于农事系统的季节性用水需求。相比之下，选铁厂遵循的是资本积累的逻辑，水是服务于资本增殖需要的。在私人投资商的视域中，宋村的水之所以"多"，是因为他们看到的是一种被"抽离"的水，忽略了河水与当地人生计之间的关系以及当地人的水需求。在资本的视野里，水只是用于生产加工、实现积累和获取利润的原材料。资本增殖的本性决定了其对水资源的占有和掠夺。在当地人的认知体系中，河水不仅具有用于灌溉生产的使用价值，也具有社会和文化价值。然而，选铁厂掠夺式的用水方式在河水的社会功能中扮演着消解角色。河流水量减少且被污染后，妇女无法在河边结伴洗衣，儿童失去了抓鱼儿和游泳的乐趣来源，河水承载的社会交往空间也在不断萎缩。从生态层面来看，选铁厂排放的夹杂着尾矿的污水进入河道后，对地表水和地下水之间的水循环系统也造成了影响。从制度和监管层面来看，中国现行关于水质的监管和检测都是以城市为中心，针对农村水质的检测和监管仍处于空白状态（王世进、康庄，2009）。

　　由于知识体系存在差异，村民对于河水污染的认知也只停留于感观层面。过去村庄干旱时，村民还会在河边挖水坑取渗水做饮用水。由于水质污染，现在没人敢再去河边挖坑挑水吃了。虽然宋村的工厂以筛选铁为主，加工过程采用磁选的方式，但沧河上游还有很多以生产金和锌为主的工厂。这些金属的提取必须靠浮选，即通过添加化学药剂进行提炼。氰化钠是用于选金的浮选剂，属于剧毒化学物质。对此，村里无人不晓，虽然无法清楚地记得化学药剂的名称，但对于这种化学药剂的特性十分了然。村民曾听说河流上游某村庄有人在河边放养鸭子，鸭子因为饮用了选铁厂排出的废水而被毒死的事件。在宋村，至今没有因饮用河水污染而出现的伤亡事故，但是并不意味着选铁厂排出的废水对村庄的生产和生活不存在潜在的威胁和影响。按当地的环保规定，选铁厂应该对废水进行处理并循环利用，但环保监测流于形式。由于地方管理部门之间条块分割严重，环保部门只负责管理水污染，并无权规范选铁厂的用水行为。对关停选铁厂有决策权的地方政府更为看重选铁厂所能带来的经济利益。

从制度层面来看，正式法框架对水权的定义和安排也在为选铁厂用水提供合法性空间。在 Boland（2006）看来，法律并非单纯的规约性工具。从意识形态的角度来考察法律，有助于理解法律的社会影响以及法律所嵌入的社会经济背景。改革开放后，在从计划经济到市场经济的转型过程中，经济发展对资源需求量的增加也在要求法律做出相应的调整。就水而言，正式法框架下的水权定义也经历了多次争论和改动。中国《宪法》第 9 条规定，"矿藏、水流、森林、山岭、草原、荒地、滩涂等自然资源，都属于国家所有，即全民所有"。由此可以看出，水的所有权归国家。张雅墨（2011）认为，水资源所有权是指"水资源所有人对水资源依法享有的占有、使用、收益、处分的权利"。中国的第一部《水法》公布于 1988 年，其中第 3 条规定，"水资源属于国家所有，即全民所有。农业集体经济组织所有的水塘、水库中的水，属于集体所有。国家保护依法开发利用水资源的单位和个人的合法权益"。依据旧《水法》的规定，水资源所有权是二分并存的，包括国家所有权和集体所有权两种形式。虽然旧《水法》对水所有权的二分有悖于《宪法》中规定的国家所有，但也传达着水作为公共物品定义防线的松动。这种调整本身也是对改革开放后用水主体多样化以及水需求增加的一种回应。为了消解两部法律在水所有权定义上的冲突，《水法》在 2002年经历了一次修改。在新的《水法》中，权利束的概念框架被引入并用于明确水资源所有权的独立性，"水资源属于国家所有。水资源的所有权由国务院代表国家行使。农村集体经济组织的水塘和由农村集体经济组织修建管理的水库中的水，归各个农村集体经济组织使用"。也就是说，水资源归国家所有，农村集体经济组织拥有水的使用权。在权力束的概念框架下，水权就是"水资源所有权和各种用水权利及义务的行为准则和规则，是包括水资源所有权、使用权、经营权和转让权等多项权利的一组权利束"（张雅墨，2011）。权利束的概念在为水资源所有权归国家提供合法性的同时，也在为满足不同用水主体的水需求和水市场的形成提供了法律基础。也有观点指出，"所有权和使用权分离是转型时期重建产权秩序的制度创新；产权明晰是市场经济的基本要求和重要标志"①。市场经济对明晰产权的要求，为水市场的发育和水价机制的建立奠定了法律基础。新《水法》对于水资源的使用也提出了新的规定，总则第 7

---

① 《人人都要学〈水法〉》，新浪网，2002 年 10 月 10 日，http://news.sina. com.cn/c/2002 - 10 - 10/1121761731.html。

条指出，"国家对水资源依法实行取水许可证制度和有偿使用制度。但是，农村集体经济组织及其成员使用本集体经济组织的水塘、水库中的水除外。国务院水行政主管部门负责全国取水许可证和水资源有偿使用制度的组织实施"。第五章第48条提到，"直接从江河、湖泊或地下水取用水资源的单位和个人，应当按照国家取水许可证制度和水资源有偿使用制度的规定，向水行政主管部门或流域管理机构申请领取取水许可证，并缴纳水资源费，取得取水权。但是，家庭生活和零星散养、圈养畜禽饮用等少量取水除外"。

由上可以看出，用水许可证意味着用水权有正式力量支持和认可，相比之下，农村的水权更多的是一种非正式水权和以社区为基础的地方性安排。从水资源管理来看，中国目前实行行政管理和流域管理相结合的管理体制。县级行政区域内水资源的统一管理和监督工作，由县级以上地方政府水行政主管部门按权限负责。作为所辖范围内公共资源配置的主导者，地方政府的发展理念也在影响着资源的实际分配。近年来，在地方大力进行招商引资的背景下，土地财政引发的强征强拆使得土地成为很多学者关注的对象。但比土地更为重要的水资源并未得到应有的重视。在青林县政府网站上，可以看到当地为了吸引外资所提供的优惠政策，包括"征收土地优惠政策""税收优惠政策""收费优惠政策"。在行政性收费优惠政策中，"河道工程维修维护管理费"和"水资源费"可以按投资规模大小进行不同比例的减收。笔者从青林县水利局了解到，县域内选铁厂加工用水都需要办理用水许可证并缴纳水资源使用费。当被问到选铁厂加工对村民种植结构调整变化的影响时，工作人员的回应是，"山区本身水资源就短缺，这个（作物种植结构）调整是自觉性的调整"。

据宋村村书记介绍，为节约投资成本，宋村很多选铁厂的手续并不齐全，并不是所有的选铁厂都办理了用水许可证。在水资源职能部门的监管过程中，私人选铁厂往往利用贿赂的形式规避监管并获得制度层面的非正式许可。在宋村的场域中，选铁厂和村民都依赖河水进行生产。然而，在当地政府授予私人选铁厂以或正式或非正式的用水许可时，分配给选铁厂的河水使用权实际上是一种抽离社区的水权，当地人的非正式水权是被边缘化的，甚至是不可见的。也正是通过当地水资源管理部门所授予或默许的用水许可，私人选铁厂从制度层面获得了用水的合法性。有些地方政府为招商促经济发展，甚至对很多重点投资商采取环保"零收费""零罚款"的优惠政策，小的污染企业反而成为基层环保部门的经济来源①。宋村的选铁厂除安装了排尾矿的管子外，还需另外安装一个回水管，用于将尾矿渗下来的水抽回井里，但它们只有在河水很少时才会对废水进行循环利用。河水多时，废水是直接排到河里的，以致工厂运营起来时，"河水都是浑的"，"河套慢慢被淤高

---

① 《"污染企业"竟成了"衣食父母"》，《新闻晚报》2013年4月16日，ht-tp://newspaper.jfdaily.com/xwwb/html/2013 - 04/16/content_1008367.htm，最后访问日期：2013年7月5日。

了，以前一节一个坑，都有好些个鱼，现在都没有了，都被淤了"。投资商为自己用水行为的辩护也是无力的，"回水下来就没事，没用多少水"。选铁厂这种不断排污与取水的用水方式，也意味着其对河水的需求量不断增加，在破坏河流生态平衡的同时也挤压着村民的水获取空间，在给当地人的生计和生存带来威胁的同时也在强化着村民和选铁厂之间不平等的社会经济和权力关系。

在村民的认知中，河水属于公共开放性资源，"大河套里的水都是天然水"，"可以随便用，是大伙的"。村庄的公共灌溉井也是开放性的，村民按需取水。有些选铁厂在蓄水池边围有铁丝网，并挂有"水深危险"的警示牌。铁丝网作为一个物质符号暗含两层含义：一方面警示水深，提醒村民预防安全隐患；另一方面对村民用水产生了排斥性，因为铁丝网的警示语还包括"勿动"。尽管投资商通过成本投资获得了用水的合理性，但选铁厂通过修建水利设施进行圈水不仅将公共资源私人化，还对原有的使用者产生了排斥。这种行为实质上是一种掠夺式积累（哈维，2016）。被挤压的水获取空间也促成了村民认知层面上的水短缺。如 Mehta（2011）所揭示的水短缺背后的社会性，村民所言的水短缺事实上是指村民自身所需水和所能获取水之间的缺口，而非绝对的自然性水短缺。鉴于水获取能力存在差异，选铁厂基于资本优势利用水利设施和抽水设备对河水进行圈占，减少了村民所能用到的免费河水；村民则只能将雨水或抽取的井水作为替代水源，甚至有村民用污水灌溉蔬菜。

宋村的蔬菜种植种类包括土豆、红薯、萝卜和白菜等，主要用于满足家庭需求。对于大多数村民来说，除非有客登门拜访，他们才去集市和蔬菜店里买菜，平日里很少花钱买菜，都吃自己种的菜。秋天时，村民还会用盐腌制白菜和萝卜，以备冬天食用。在市场不断冲击和席卷农村的背景下，蔬菜的自给自足在村民的生计中扮演着重要角色，缓解着商品化在生活和消费各个方面带给村民的现金压力。二十二岁的宋明慧有过好几段在城市务工的经历。对比城市和农村的生活，她在城市感受到的是沉重的现金压力。"在城里生活，一天不花钱就生活不了。水、电、菜都要花钱。在村里，水电虽然也要花钱，但比城里便宜。菜在农村可以自己种，不像城里那么奢侈。在城里，每天早上都能看见老太太去买菜，觉得在城里没钱过不了。如果有高工资，有保障，可以选择在城市。"

从用水方面来看，种植蔬菜需水较多，尤其是在旱季。村民过去习惯用河水进行灌溉，但自选铁厂出现后，河水水量减少，很多村民开始用选铁厂排出来的废水进行灌溉，也有村民从井里挑水灌溉，但是比较费体力。2012 年 7 月，笔者在村庄调研过程中，看到有村民将选铁厂排出来的废水引到灌溉渠中用于白菜灌溉，地面上能明显看到污水渗入地面后留下的灰色尾矿渣。从村民用水的态度来看，污水灌溉是一件极为平常和司空见惯的事情。即使他们知道水有污染，但也很无奈，"不用那个水，河里也没水了呀"，

"抽（井）水要花钱，谁都怕花钱"。

在与选铁厂用水的日常互动中，村民对铁矿石的属性也有了经验性认知，并不是所有的废水都可以用于灌溉，可以根据矿石的颜色进行判断。选铁厂加工用的铁矿石主要分为酸性和碱性两种。"酸性矿石风化以后可以长庄稼。碱性矿石，一般的酸都拿不动它，碰见它了，河套里的树什么都不长。原先人们总寻思着河边淤的挺细的泥是好东西，都铲到地里，但一种庄稼，什么也不长，都变黄了，赶紧往外戗。"

2012 年冬天，笔者遇到一位承包大片山地的村民在河边一块荒废的地里用树叶和羊粪垫地，打算种些自家食用的蔬菜。虽然他有自留地，但水源没有保障。要开垦的这块地更靠近河流，可以引到不用支付现金成本的"自来水"，而抽水需要支付电费。在河水不够用、井水获取途径商品化的压力下，村民用水的自由选择空间进一步被挤压，利用污染后的"自来水"灌溉成为村民"没办法"的选择。有位在选铁厂打工的妇女试图为工厂带来的水影响进行"辩护"，"厂子开工才有水用，厂子不开工还没水用"。但从村民的选择空间来看，这更是一种处在现金收入需求和水需求双向压力下的无奈表达。

第三节　村民的应对与水分配结构的强化

在 Kerkvliet（2009）看来，资源分配是一个政治过程，充斥着相关利益主体围绕特定资源而展开的竞争，主体间的社会关系决定着资源的最终分配方式。也有学者指出，水资源竞争并非静止的而是一个动态的过程（Funder et al.，2012）。宋村的水资源分配结构也是村民和选铁厂之间利益博弈的结果。尽管村民在水分配中不断被边缘化，但他们并非完全被动的接受者。他们在应对策略上也采取了从"偷水"到"调适"的日常政治行为。这些"屈服"更多地体现着"自我保存的韧性"，然而也强化着由资本所主导的水分配结构（Kerkvliet，2009；斯科特，2011）。

在村民的认知中，厂子是"惹不起"的"黑势力"，自己是"老百姓"。作为一个能指，"百姓"在不同历史时期被赋予的含义是不同的。战国之前，"百姓"用于对贵族的总称，但之后开始指涉平民，指统治阶层以外的人民。在杜君立①（2011）看来，"老百姓"有两层含义，一方面含有对他者的蔑视和羞辱，另一方面含有自我贬低和鄙薄的意思。陈永森（2004）也曾指出，"老百姓"是相对于"官"而言的。由于意义源于差异，因此没有"官"，"老百姓"的意义也难以存在。"老百姓"的指称背后也蕴含着"官"和"老百姓"之间身份和权利的差异。与有权的"官"相比，"老百姓"是被有权者管制的对象。

在宋村的水场域中，相对于具有经济实力的厂子来说，

---

① 杜君立：《"老百姓"是什么玩意儿》，《博客日报》2011 年 11 月 2 日，ht-tp：//d3773. bokerb. com/blog. php？do = blog&event = view&uid = 23573&ids = 173231，最后访问日期：2012 年 3 月 5 日。

村民是"没有权力和威力"和话语权的，用村民的话来形容就是"说话不顶事"，"嘴上骂骂也起不了作用，打官司还要花钱"。在村庄调研期间，笔者遇到过一位来自温州的投资商。当聊起和当地人的相处关系时，这位投资商的老伴愤怒地讲述了他们在邻村的一段经历。他们在邻村买了一座矿山，家族的一个亲戚负责矿石的开采，他们在宋村负责铁粉的加工和筛选。一次去邻村运矿石时，矿区附近的村民因为耕地和树木遭到采矿带来的破坏而要求他们进行赔偿。在投资商看来，村民是"野蛮"和"无理"的，因为在征用土地时，他们已经向村民支付了补偿款。面对村民的集体抗议和道路拦截，投资商借助他们与当地官员的私人关系而得到有效庇护。通过她的描述可以看出，厂子和当地村民发生冲突之后，官员是站在投资商一边的，权力和资本的合谋最终将当地村民置于无力反抗的弱势地位。为了规避更多的风险和损失，村民不得不向投资商道歉认错。虽然这个案例并没有出现在宋村，但是投资商在村民反抗中的胜利也强化了他们在当地的威慑力。选铁厂对村庄用水的挤占成为公共空间里不可被言说的"大象"（泽鲁巴维尔，2006）。村民对选铁厂圈水虽心存怨言，却无力改变二者之间不平等的水关系。

村干部在村民和选铁厂之间的水争夺暗战中，更多扮演的是两面人的角色：一方面，作为村庄的权力精英，村干部权力的合法性基础是维护村民的利益，他们对村民的灌溉需求不能坐视不管；另一方面，村干部和选铁厂的利益结盟关系使其与村民的利益对立化。为维系双方利益的平衡，村干部选择了旋转门策略，即只有在干旱较为严重的时候，才会和选铁厂交涉，让村民优先用水进行灌溉。很多村民有类似的记忆，"河水不够用，厂子找铲车用沙子在河里别湾改水，上头把河横拦着都截上了，底下自来水根本没有，一点水也下不来，地里旱了，想浇水根本下不来"。为防止村民抢水，工厂白天专门派人看水。但村民并非完全被动的接受者。虽然他们没有选择与投资商直接对抗，但在可获得的行动空间内采取了隐蔽性的应对策略，即斯科特（2011）所言的"弱者的武器"，其特点是"不需要协调或计划，利用心照不宣的理解和非正式的网络，通常表现为一种个体的自主形式，避免直接、象征性地与权威对抗"。为规避与选铁厂正面交锋带来的风险，有村民采取了"偷水"策略，选择在晚上去选铁厂修筑的拦水坝里挖孔，并将流到河道中的水引入水渠进行耕地灌溉。在强势的资本面前，大多数村民因为"没权力"而选择了沉默，但沉默也是规避风险、进行自我保护的一种安全策略。然而，随着选铁厂数量的增加，此类安全策略可使用的空间越来越小。短短一年时间内，村庄相继出现了十家选铁厂，河水被选铁厂的深蓄水池越圈越少，村民使用"弱者武器"的空间也受到了挤压。无力进行外在的反抗，农民只能进行自我调适，重新安排种植结构，放弃之前一年两季的农耕安排，停止种植小麦而改种抗旱型玉米以减少对灌溉水的需求。当被问及为什么不种麦子了，村民列出的首要原因是缺水，"水不行，把水都控制了，这儿抽，那儿抽，把河套都抽干了，哪儿都没水了"，"厂子弄的，种不了麦子。厂子打井，把地上水一截，浇园也浇不了，太旱，十来年不种麦子了。"另外一个原因是灌溉的成本变高，没有了可用的"自来水"，"浇水要用机器，算下账来，都刨了，不划算，不如挣钱去，比种地强"。

斯科特（2013）在《农民道义经济学：东南亚的反叛与生存》一书中指出，"对农民的日益严重的剥削很可能是反叛的必要原因，但远不是充分原因"。"安全第一"的生存伦理原则指出，农民反叛的原因并非贫困本身，而是农业商品化和官僚国家发展所催生的租佃和税收制度侵犯了农民生存的伦理道德和社会公正感。水关系到人的生存，在宋村的生产用水界面中，面对选铁厂圈水带来的水排挤，村民更多地选择了具有隐蔽性和个人化的日常政治反抗行为，并没有从正面对选铁厂进行反抗。之所以出现这种现象，除了村民和选铁厂之间不对等的权力关系，笔者认为还存在两个原因。其一，水关系到人的生存。虽然选铁厂在村庄生产用水界面对村民灌溉用水产生了排挤，但是并没有威胁到村民生存用水的安全防线。用村民的话说，就是"吃水够吃，浇地缺水"。需要指出的是，村民生存用水的安全防线未被触及并不意味着选铁厂用水对村民生活用水的影响是不存在的，本书将在下一章节对此问题进行集中探讨。其二，斯科特（2013）笔下的东南亚村庄是嵌入在传统社会背景下的，农民在农业之外并没有其他的就业空间，面对来自政府和市场的双重压力，农民的缓冲和选择空间是有限的。对于处在社会转型期的宋村而言，在生产和生活资料商品化带来的经济力量的无声强制下，农民被锁入了市场经济之中，他们的自主性和自由度被削减，劳动与收获不再成比例，其生计不得不依靠农业生产和外出务工的双重支持（叶敬忠、孟英华，2012）。在村庄的访谈中，笔者曾多次询问村民的收入情况，明显发现村民在计算收入来源的时候只计算非农收入，在他们的算盘里，种地满足的只是家庭所需，由于很少出售，因此没有将其列为收入项，用他们的话说，就是"种地只够吃，不够花钱"。总的来看，在小农农业不断被边缘化的背景下，村民对非农收入的依赖性以及市场化改革带来的外出务工收入的增加，在一定程度上缓冲了村民和选铁厂之间的水需求张力。村民和选铁厂在村庄用水界面上的"和平共处"，主要得益于彼此之间的经济依附关系。

尽管村民因生计方式多样化而对河水的依赖程度不同，在对选铁厂用水合法性的认知上也存在分化，但没有争议的事实是选铁厂能够给村民带来增加非农收入的机会。"村里总的来说不是太富裕，也就是有点厂子，人们上点班，能挣点钱。这个打工一天给个几十块钱，男的女的都上班。一上班就能挣钱。厂子一停，也没别的经济来源。本地不打工了，就上外地北京、天津、保定打工。"村干部作为村庄的经济精英和政治精英，有着各自的非农生计，并不以种地为生，对河水的需求不大。出于与选铁厂的利益结盟关系，他们更多地选择了维护选铁厂的利益。当被问及选铁厂带给村庄的影响时，宋村村支书告诉我们，"村里有点厂子，人们上点班，能挣点钱……经济效益好，毕竟会为村里做点贡献……一直跟村里人强调，村里的企业尽量维护着点"。而期望或正在选铁厂上班的村民虽然在用水上已经受到选铁厂的影响，但在态度上略显两难，因为如果支持选铁厂用水将减少自己的用水量，而反对厂子用水，自己就会失去在家门口获得非农收入来源的机会。在这种两难的选择中，村民最终还是将非农收入放在了优先位置。这也是经济力量无声强制下的权衡之举。在访谈中，有村民表达了生活资料越来越需要货币购买带来现金压力下的无奈，"你看我们这儿又没有果树，粮食刚够自用，养点牲口刚够自用，要不花钱从哪儿来？盖房子、娶媳妇，现在还要供学，哪儿都是钱。你要是老板，搞副业、做买卖什么的，钱来得快点，卖苦力可不容易来了。处处都要花钱，家里还要花，不是挣一个剩一个，家里还要花呢，你像这亲戚朋友、当村的乡亲，娶媳妇、喝喜酒，死了老人的也得去上礼，平闺女、生孩子都得喝喜酒，都得投资"。总的来看，在村民和选铁厂的经济依附关系中，对仍以种地为重要生计方式的村民来说，调整种植结构这一看似主动的行为背后事实上充满了被迫和无奈。与此同时，他们在用水结构中的"主动退出"给选铁厂用水提供了更多的空间，不仅强化了二者之间不对等的社会经济结构，而且强化了当前的水分配结构。

以上部分探讨的是村民在选铁厂圈水过程中的应对策略，值得探讨的还有村民的求雨仪式以及背后的价值观。朱霞（2005）认为，求雨是指农作物在生长关键期遭遇干旱威胁时，农民祈求龙王赐水的生产祭祀活动。据九十一岁的老人宋得凡介绍，过去邻近的每个村庄都有龙王庙，求雨不是仅以村庄为单位，遇上大面积的干旱，村与村之间也会"凑到一块求雨"，"一般是出伏了不下雨就求雨。现在没有龙王像了，早先哪个村都有龙王像。有个座，下面有铃铛。抬着龙王爷（去龙潭）求雨。有水湾的地方就是龙潭，多么旱也有水，都在高处，坡头上，就在那里求。贴上阄，哪儿有水跟哪儿求，（要）磕头，抽签，要是下雨了就去还愿，看签上写的什么，上供或者是唱戏"。在 20世纪 60 年代的"四清"运动中，龙王像作为封建迷信的象征被拆除，求雨也被贴上了"迷信"和"落后"的标签。事实上，在求雨仪式中，自然化身为龙王，人对自然的敬畏之心传递的是以自然为中心的价值观。相对而言，选铁厂用水更多的是一种对自然的索取和干预行为。尽管求雨仪式遭到了废除和禁止，但求雨仪式背后折射的自然观在村民中仍然延续着。2010 年，村庄遭遇了一次大旱，地里"靠天收"的庄稼急需水时，雨水迟迟不来，村里四位年过八旬的老人一起上山求雨。当被问及为何求雨而不用河水灌溉时，其中一位老人说，"有浇到的也有浇不到的。下雨不是都不旱了，能浇到的就不旱，浇不上的呢？"可见，求雨本身也折射着人们用水的公平观。尤其是在选铁厂用水出现后，村民的求雨行为附加了更多的社会含义。老人的讲述背后暗含的意思是，村庄可获取的水只能满足小部分人的需求，如果能有雨的话，村民就能获得同等的水，保障粮食收成。总的来看，村民求雨更多的是出于生存层面的考虑，对雨水的期冀是获得更多的用水量。问题在于村民对于催化和加重其水短缺的选铁厂圈水行为没有提出质疑。这种将人为因素导致的水短缺完全归于自然因素，是对既有不平等水关系的强化。

此外，虽然外出务工的收入远远高于土地收入，用村民的话说就是，"出去一个月挣的钱就够一年买面吃了"，但村民对种植结构的调整不仅意味着灌溉用水量的减少，同时也意味着粮食自给能力的减弱。当地的饮食习惯以面食为主，过去村民收完麦子之后去换面吃，不种麦子后，村民只能去商店或市集买面。有人曾总结："现在村民的生活'比城市人还城市人'，'从蔬菜到粮食，无一不要买'。"① 在生产资料和生活资料商品化的双重压力下，生存型土地粮食自给率的降低进一步挤压并削弱着村民的自主性，同时使得村民对外部市场以及现金的依赖性增强，生计更加趋于脆弱化。有村民说："现在只种地什么都不干就得饿死。种子、化肥都要钱。"2013 年 7 月，笔者在村庄的路边遇到一位要去菜地的妇女，聊起蔬菜种子的获得途径，

---

① 王伟正：《村庄招商后农田盐碱化 干部称有点咸的田收成好》，《南方农村报》2013 年 4 月 22 日，http://news. ifeng. com/mainland/detail_2013_04/22/24477533_0. shtml，最后访问日期：2013 年 4 月 25 日。

这个妇女回答说，现在的蔬菜种子都需要从市集上购买。谈到种子的价格时，她告诉我当年土豆种子的价格特别贵，"一斤一块四，买了一百多斤。出芽率少，还得多种"。种地的无奈也成为她激励孩子好好读书的动力，她时常跟家里正在上中学的儿子和读高中的女儿说，"你们可好好上学，别在家里这么着，种地干么的，真弄不了啊。老百姓，没法"。尽管劳动力市场能够为村民提供种地以外的生计替代方案，但市场是有准入门槛的，对劳动力的需求也是有选择性的。只有拥有劳动能力的人，才可能获得非农收入的机会。但是，对于那些因身体、年龄等各种不可抗拒因素无法外出的村民来说，村庄内部非农收入的重要性以及选铁厂存在的必要性被进一步强化，而这些也成为支配村民与选铁厂之间经济依附关系以及当前用水分配结构再生产的条件。一位在选铁厂打工的六十多岁的老人说："现在不挣钱，以后老了，干不动了，上哪儿挣钱啊。"阿柏杜雷（2001）曾指出，并不是所有人天生就拥有对金钱的狂热，而是商品化和货币化使得现金前所未有地成了维持生计的钥匙，人们才不得不"一切为了钱"。在商品化机制下，"钱"已经成为必须遵守的强制性规则，并主宰着人们的生存样态。事实上，商品化作为一种隐性的控制力很难规避，因为它通过个体的生存系统传递着压力。人们找不到具体的反抗对象，只能将外部的压力内化并转化为个人挣钱的能力问题，自愿地接受"钱"的支配，对其产生依赖，但也在强化着商品化机制对人的支配力。也正是在市场化和商品化的压力下，有非农收入需求的村民才在"招商引资"的界面上，与寻求经济增长的地方政府和实现积累的资本达成了"发展"的耦合。但从水分配重组后的价值链来看，收益和成本在不同主体间的分割并不是对等的。

第四节　水资源攫取背后的输赢

"农村工业的发展与农村资源有着密不可分的联系"（张建琦、李勤，1996）。不同于改革开放初期的乡办工业，分税制改革后，地方政府招商引资式发展引进的主要是私人资本。在"发展"的外衣下，以逐利为目的的选铁厂进入宋村，需要的是当地的土地和水资源而非劳动力。它们以发展之名，实现了对当地水资源的掠夺和攫取，扮演更多的是"赢家"角色。

首先，对宋村的村民而言，选铁厂实际上是一种被强加的"发展"需求。在选铁厂进入村庄的决策过程中，决策权被村庄当权者垄断，当权者的利益和资本需求被纳入决策的考虑范围，普通村民则被排斥在决策范围之外，并没有选择权，而决策的缺位也进一步使村民的利益需求被边缘化。地方政府利用优惠政策为资本开路背书，期冀的是资本所能带来的经济效益。村干部利用中间人的角色获得了权力的寻租空间。承担选铁厂对水挤占和破坏影响的主体是当地的普通村民。村民认为，选铁厂用水是给了补偿的，只是以礼品形式补给了村干部。在选铁厂带来的价值链上，受制于不平等的权力结构，村民承担着资本盈利的代价，并需要独自应对资本对当地水资源攫取导致的水短缺。相比之下，资本却有着游走的自由，当村庄水资源不再足以满足资本需求时，如鲍曼（2002）所言，资本"可以毫不费力地寻找另一个更加热情好客——不加抵抗、温驯柔和的环境"，而当地人却要因缺水而面临不可估量的生计和生存风险。由于矿石是有限资源，有村民估计，顶多再过三十年，百分之八十的选铁厂会倒闭。然而，选铁厂在加工铁粉的过程中留下的尾矿坝不仅威胁着当地人的健康，而且存在着巨大的安全隐患。从水影响来看，集中堆放在宋村山沟中的尾矿坝，一方面对当地的水循环系统形成了阻碍，另一方面对水质存在着潜在威胁。从安全方面来看，尾矿呈粉末状，遇水很容易形成泥流效应，存在着巨大的安全隐患。宋村就出现过尾矿垮塌并导致两位村民死亡的事故。很多村民对此表示了担忧，"开了就麻烦了，开了不是一点半点的尾矿，一冲下来河套就能填满了"。事实上，在 2012 年 7 月底北方的一次特大降水过程中，宋村的部分耕地出现了被淹的情况，主要原因是堆放在河边的尾矿改变了洪水的走向。一位耕地被淹的老人告诉笔者，"要是没有尾矿，水过不来，也冲不到庄稼"。所幸宋村的尾矿坝并没有出现事故，但在邻县，多处尾矿坝在雨水的冲刷下发生了坍塌，造成河道淤堵，形成堰塞湖效应，导致周边三个村庄被淹，伤亡惨重。从尾矿坝对当地人的生存环境安全所带来的威胁来看，作为私人资本的选铁厂进入宋村所需要的只是宋村的水，当地村民的生存安全和利益是被视而不见的。

其次，选铁厂对河水的圈占表面上给当地人带来了非农就业机会，增加了替代性生计选择，降低了单一农业收入给农民带来的生存风险，实质上却将农民置于更大的风险之中。资本利用当地水资源进行铁粉加工，满足的是外部市场而非当地人的需求，其生产极易受铁粉市场价格波动等因素的影响。因此选铁厂所能提供的就业机会是不稳定的。另外，选铁厂对耕地的破坏和对水资源的占用，给农业生计带来的影响是长期和持续性的。

2008年以后，随着铁粉价格的回落和政府对私人开矿安全监管的加严，选铁厂经历了一轮洗牌期。宋村有八家选铁厂陆续停产，厂门紧闭，留下了一堆加工设备，承诺给村民的土地补偿费也开始拖欠。拿不到土地补偿，面对无法继续耕种的土地，很多村民开始为生计而焦虑。选铁厂可以选择离开，但村民还要继续在这里生活。有位老人说，"年轻的"还能出去打个工，"年老的你不指着这块地生活，你怎么着啊？"在社会养老保障供应不足的农村，土地仍承担着重要的生计功能。此外，由于选铁厂的投资商都是外地人，村民和选铁厂之间没有直接的合同关系，选铁厂停工后，村民很难联系到厂主，甚至找不到具体的反抗对象。在停产的选铁厂中，有一家已经彻底倒闭，多年拖欠村民的土地补偿款和工钱，总数已经达到一百万元。投资商离去后，留下了一堆废弃的设备，仍占着十四户村民的耕地。据十四户中被占地最多的村民张明真介绍，"西边厂子的七年了，不干了，占了老百姓的地，也不给钱。厂子过去把钱给村里，村里发给村民。现在厂子都找不到人了，老百姓的钱兑不了现。钱也不给，地也白占着。地占着，种不了庄稼，生产不了粮食，粮食打不了，钱摸不着，处于这个状态"。"依法抗争"无果后，有村民提议卖掉选铁厂剩下的设备抵补偿款，但找人估算后发现，这些遗留的设备只值十万块钱，远不足以支付十四户村民的占地补偿（O'Brien and Li，2006）。在被挤压的抗争空间中，村民最终无奈地选择了沉默，规避风险的同时陷入了更加脆弱的生计环境。

再次，尽管非农就业叙事赋予了资本圈占村庄水资源一定的合理性，但在招商政策决策者及支持者带着"改善意志"（Li，2007），放大"农村工业能够就地转移农村剩余劳动力"理想图景的同时，遮蔽的是资本通过水资源攫取对当地"剩余劳动力"产生的土地驱逐效应（严海蓉，2005）。因为丧失具体水权的土地对普通村民来说，意味着根植于土地的自主性生存空间的削弱。为了维持生存，他们不得不踏上外出务工之路。村里的一位老人也介绍说，自不种小麦后，村里外出打工的人数增加了很多。再从用工数量来看，选铁厂实际所需的劳动力是有限的。其用工实行的是换班制，三个工人一班，三班轮换，两人负责为粉碎机添加原料，一人负责看管用于筛选铁粉的球磨机。干满一个班的工资是六十元。为节省用工成本，选铁厂更倾向于在村内雇人，因为村民可以就近回家吃饭，若招外地人还需提供住宿和伙食。在宋村，通常也只有"出不去"和"走不了"的村民选择在选铁厂上班，"当村的劳动力都是苦力"。和外出务工相比，选铁厂的工作在村民眼里"工资低，挣钱少"，唯一的好处就是离家近。村里的年轻人很少选择在选铁厂干活，大部分选择外出务工，他们"宁愿出去挣大钱"。因此，留守在村庄的妇女和中老年人成为工厂用工的主力。妇女主要负责看管球磨机，而填料工作需要较大的体力，主要由男性劳动力完成，但多是六十岁左右的中老年人。无论严寒酷暑，只要工厂开工，全是露天工作，而且除工钱外无任何福利和保险。条件虽然很艰苦，但对于六十岁左右的农村劳动力来说，他们并没有更好的选择。这个年龄的劳动力在城市是被排斥的，而且很多城市规定招工方不得聘用年龄超过五十五岁的外来务工人员。在生活资料商品化的硬性压力下，这些"剩余劳动力"因为缺少外出务工的替代选择空间而沦为村庄内对选铁厂经济依附性最强的群体（严海蓉，2005）。在商品化和市场化带来的"经济力量的无声强制"（伯恩斯坦，2011：40）下，每当工厂停工，这部分村民便不得不像候鸟一样外出，去寻找没有年龄等条件限制的工作，依据的不再是农事时间而是村庄内现金收入机会的有无。虽然村民的被迫流动以及对工厂的经济依附也在缓解着工厂与村民之间的水紧张，但不能抹灭的是资本对村民的隐性水攫取，而后者恰恰是就业叙事所试图掩盖的现实。

　　总的来看，招商式农村工业作为一种被强加的需求并未真正带动村庄的发展，也没有给村民带来社会福利和经济上的安全保障，反而是以牺牲村民具体水权为代价实现了自身积累。其对当地水资源的圈占实质上将村民推入更深的商品化漩涡之中，在削弱村民生存自主性的同时进一步强化了他们对外部市场的依赖。村干部作为中间人，调和着资本和村民在水资源使用上的权力关系，但最终还是迎合处于经济强势地位的投资商的利益。另外，村干部的权力寻租行为不仅削减了村民可获取水资源的空间，而且加剧了村庄穷人的生计脆弱性。对于在水资源攫取过程中不断被边缘化的村民来说，他们的选择空间是有限的。束缚于村干部与资本之间的权力联盟关系，当地村民并没有关于自身水利益的决策权。在生产资料和生活资料商品化的双重压力下，丧失具体水权的村民不得不寻找土地外的非农收入，"出不去"的村民因现金收入需求而对资本形成了经济依附，在承担资本盈利代价的同时，面临着工厂经营状况不稳定所带来的生计风险。事实上，资本在村庄赢得和捕获的不仅是水资源，还有当地的"剩余劳动力"资源。就水资源分配来看，当地人虽然拥有水资源的使用权，但因为缺少获益权而无法真正参与资本利益链的分配。水资源攫取现象归根结底缘于资本和村民之间不平等的权力关系。也正是这种迎合资本利益取向的不平等结构关系，最终形塑了村庄的水资源分配格局以及"发展"价值链中的赢家和输家。

本章小结

本章考察了选铁厂在生产用水界面对村庄造成的水影响以及主导二者之间水分配过程的动力和机制，对选铁厂在圈水过程中的策略、村民的应对策略以及二者之间不平等的用水结构是如何形成并被强化的过程进行了分析，最后对选铁厂和村民之间的利益和成本分配进行了探讨。笔者认为，在村庄的生产用水界面，村民和选铁厂之间的水分配呈现的是隐性的水攫取过程。在宋村的水场域中，村民的主体地位被抽离并让位于外来资本。私人资本在地方政策的支持下进入村庄，看到的是可供利用的水资源，忽略的是当地村民的水需求和作为生存权的具体水权。在就业叙事的遮掩下，资本不仅获得了水攫取的合法性，而且通过水掠夺对当地普通村民产生了驱逐效应。这种隐蔽性的水驱逐不仅在生产和生活资料商品化中找到了藏匿地，而且强化着经济力量对村民的无声强制。受囿于有限的抗争空间，当地村民不得不独立应对由隐性水攫取所制造的水短缺，承担着私人资本盈利的代价。

第三章

生活用水界面的水分配：
合作传统的式微与水分化

　　水是生命之源，远古先民傍水而居，直到水井的出现，人类才开始摆脱对地表水的完全依赖（贾兵强，2007）。先秦古歌《击壤歌》云："日出而作，日入而息，凿井而饮，耕田而食，帝力于我何有哉！"水井自古以来就嵌入在人们的日常生活之中。作为北方乡村社会的一大特色，水井不仅是村民汲水所用的器物，更是一个具有丰富内涵的文化符号，传递并记录着乡村社会的特质和变迁（边缘人，2002；胡英泽，2006）。在关于农村场域的水研究中，大多数学者的讨论集中在农业灌溉用水方面，对农村日常生活用水的关注并不多见，其中较具代表性的有朱洪启（2004）和胡英泽（2006）的研究。朱洪启（2004）以华北农村为例，主要探讨了饮水井和村落规模之间的关系以及饮水井的使用和管理规则，认为水井"构成村民生活世界语境和公共交往基础的重要元素"。胡英泽（2006）从社会史角度，基于田野调查，对明代中晚期至20世纪80年代北方乡村水井制度变迁进行了考察，认为"北方乡村水井在建构社区空间、规定社会秩序、管理社区人口、营造公共空间、影响村际关系等方面有重要作用"。以上研究为理解宋村的生活用水变迁提供了借鉴。

就宋村而言，由于村庄地处深山区，生活用水主要取自水井且处于一种"自为状态"（胡英泽，2006）。生活用水的水源和水获取系统的独立性，使得社区内部的水分配变化更多体现着社区的社会关系和文化变迁。本书第二章主要从生产用水界面探讨了宋村的选铁厂用水和村民灌溉用水之间的结构化关系，发现选铁厂用水是以牺牲村民灌溉用水为代价的。由于选铁厂和村民之间存在着经济依附关系，所以村民对选铁厂圈水的态度遵循着斯科特（2013）所提出来的"生存安全第一"的检验标准，村民更为看重的是"剩下了多少"而非"被拿走了多少"。尽管选铁厂圈占了村庄的很多水资源，但以地表水河水为主，并未危及村庄主要取之于井的生活用水。这也体现在当问起村民村庄是否缺水时，村民所意指的短缺主要是指"浇地"缺水，而非缺生活用水。然而，这并不意味着选铁厂用水对村民生活用水没有任何影响。选铁厂出现后，河水水量的减少不仅强化了村民对井水的需求，也在影响村庄生活用水获取的社会组织方式。本章试图在梳理村庄生活用水获取组织方式变迁的基础上，探讨这种转变背后的机制和逻辑以及支配水分配的价值和理念的变迁。

第一节　水短缺的出现以及应对
水短缺的合作

在 Mehta（2011）看来，水短缺是一种社会性体验，遭遇水短缺的人群会根据水源的不确定性建立自己的适应体系。宋村是一个移民村，最早可追溯到明代，至今已有四百多年的历史。据村民介绍，宋村所处山区的地质结构以片麻岩为主，没有深层地下水，只有浅层的地表水，主要靠雨水积渗补给。由于当地属于半干旱地区，雨水季节分布不均，夏秋雨水较多，春冬为旱季，因此为获得稳定的生活用水水源，村民的主要应对方式为挖井。从村民的水获取方式来看，主要经历了四个阶段的变化，挑井水、引山泉水、自来水供应和用水泵抽水。本部分主要介绍村民在前两个阶段的合作性社会安排，以更好地理解村民在当前用水中出现的分化。

20 世纪 80 年代及以前，宋村村民世代都在同一口井里汲水。这口老辈子留下来的古井也是宋村唯一的饮用水水源，至今已有上百年的历史，村中无人知晓这口井的具体建成时间。20 世纪 70 年代，村庄人口规模在二百人左右，村民的住房较为集中。这口老井位于当时村庄区位结构的中心，也被村民称为"官井"。所谓的"官"，意味着水井的公共属性和开放性，只要是村庄的成员，就拥有水的获取权。这口井的井壁由石头砌成，井深约七米，井口直径约一米。井口装有取水用的公共辘轳和井绳，村民自备水桶和扁担去挑井里的水，遵循的是先来后到按序汲水的原则。每个村民家里都有一个盛水用的水瓮，每次挑满一瓮，用完之后再挑。

就水的用途来看，村民所取井水主要用于做饭和饮用。由于挑水耗费体力较多，村民很少在家里洗衣服，用的都是河水。有村民回忆，"过去吃水难，天天要挑水。那时候用水也不多，就是吃、洗衣服、做饭。那时候，河套里的水可好了，可清亮了，都去河套里洗衣服"。村民的用水量与生活水平也是分不开的。计划经济下的集体化时期，村民的生活"特别艰苦"，做衣服只能凭布票购买布料，"布票一年一人只有一丈七尺四，做不了两身衣裳，都是冬天的棉袄拆了棉花夏天继续穿"，"老辈子谁有这么多衣服啊。小人儿们就一件衣服。老大的衣服穿了老二穿，老二穿了老三穿，能有几件衣裳啊。洗不了多少水。洗衣粉和肥皂都要凭票在供销社购买"。总的来看，集体化时期及以前，村民户内的用水量较少，井水虽然有季节性变化，但能够满足村民日常的生活用水需求。在村民有关水的记忆中，村庄过去的水很多，很少出现"旱"的情况，"地上就有水"，村庄往北延伸的两道山沟长年"哗哗地流水"，"冬天小人儿们在上边擦冰"。

1981年，家庭联产承包责任制在宋村开始落实。分田到户后，村民从集体和计划经济的束缚中"松绑"，在生产和生活安排上获得了独立的自由决定权（阎云翔，2012）。由于耕地面积少，村民种植的粮食主要用于自家食用。为了增加经济收入来源，村民几乎家家都养上了牲口，以猪和鸡为主。农户养猪一般养两头，"到年底卖一头吃一头，吃不了的腌起来，以前买肉不容易，没有（集市），卖个三百五百觉得可挣了钱"。除了些许的零工挣钱机会，村民的"所有收入来源就是养鸡下点蛋，养猪卖点猪"。家庭养殖加大了村民的户内用水量，与过去相比，村民每天的挑水量也增加了很多，"两头猪一天要三桶水。吃水吃不多，吃水连洗菜两桶就够了"。此外，村庄的人口数量到80年代末增加到四百人左右，除汲水量上升之外，汲水空间也随着村民住房的增加而扩大。由于村庄的平地面积少，很多年轻人和父辈分家之后另寻宅基地盖新房。村民居住空间的总体变化以原有的居住区为中心在东西方向上延展，也有部分村民搬到了往北延伸的山沟中。居住空间的外延也意味着汲水距离的拉长，最远的一户挑水来回需要走三里地。村民生活和养殖用水量的增加也加大了水井的供给负荷，尤其是在春冬旱季，"一到过年腊月就干了，就供不上了"，"五六月之前，不下雨，旱得就打不出来水"，井水开始出现短缺，"供不上吃"，"井水量并不足，那水就是一点矿泉水，是有限的，接着间着打行了，要是连续地你打两桶，我打两桶，很快就完了"。在村民宋红占的回忆中，井最早的时候，"还要拿着瓢到井下边去往桶里掏，我大概十五六岁的时候还下去过。当时就是一口井。那时候吃水可困难了，井里的水全是浑的，挑到家里还要沉淀一两个小时"。为了"抢"水，很多村民选择早起挑水，"早上挑水清亮，白日打水的忒多，赶到明了，就打不出来水了，水忒少，吃不上"。一位 71 岁的老人这么讲述她当时的挑水经历，"我那时候年幼，这会儿不行，打死也弄不了，我都是早上两点子去挑水，也有早的四点子去挑水。反正属我早，家里的水瓮挑一瓮，把锅刷了盛一锅，盆里碗里都是水，吃两天。起迟了就没水了。没有比我更早的。起迟的就挑不上了，打半小时，半桶水。早上七八点去挑水就不多了，打好几回才一桶，浑不登的。井里没水就去河套挑水，总得吃吧"。井水不够用时，村民不得不"四处找水"，在河套边挖水坑取水，以河水为替代饮用水源。但村民住房离村南的河套较远，山区的地势不平也给村民远途挑水添了几分困难。

为解决吃水问题，1990 年 4 月，宋村第一生产队的小队长罗全民动员并组织村民用人工在村东挖了村庄的第二口井，井深约八米，井口直径约一米，井壁仍由石头砌成。新井所处地势比老井稍低，挨着村东由北往南延伸的山沟口，水量相对多一些。从井位的选择来看，这口井更多地体现着村庄内部的地缘关系，并与村东村民"就近"的水需求密切相关。到了 90 年代初，村东的住户不断增加，最远的住户离村中心的水井约三里地。当挖井的提议被提出后，村东村民的积极性最高。打井所需的砖头、石头等材料费用，以小队为单位采用均摊的方式筹集而来。与此同

时，均摊的集资方式也决定着井水的分配方式。胡英泽
（2006）的研究提到"井分"的概念，意指水井的汲水权，
社区成员的井分是通过参与水井的集体事务而获得的。宋
村挖井所需人工的组织方式也体现了类似的特点，参与挖
井的村民出的都是义务工，"人们都帮着挖，都想着吃水"。
很多当时无法出工的村民在打井的过程中，以买烟、送水
和做饭的形式获得了同等的井分和汲水权。在村民的认知
中，打井是一项大工程，"一户打不起来。（井）底下挖得
大，都得合伙打井。干活的干活，挖土的挖土。大伙儿都
帮着"。在缺少外部支持的情况下，为获取满足生存基本需
要的生活用水，合作作为村庄内部的一种社会安排在应对
水短缺的过程中起着积极作用。体现着地缘关系的水井在
村民挖井的合作过程之中也建构并强化着村民之间的利益
纽带，不仅促进了社区内部的整合，而且巩固了村民之间
互助的情感纽带（程恬淑，2006）。村民在打井过程中的集
体性参与，也赋予了水井以公共性和开放性。其用水制度
与老井类似，采取的是官绳制，井口无井盖，井边有公用
的辘轳和井绳，遵循的仍是先来后到的汲水秩序。

新水源的出现在扩大村庄汲水空间的同时，也维系着
村民基于地缘关系的地域认同感。在汲水的水源选择上，
村民首先采取的是就近原则，即选择离住房较近的水井取
水。由于村东水井的水源较为丰富，村东的村民用水集中
在村东。当位于村中心的井水不够用时，住在村西的村民
也会到村东的井上挑水。两口井的水都不够用时，河水便

成为村民的替代选择。从汲水方式来看，村民主要以肩挑取水，日常性的挑水活动给村民带来很大的身体负担和用水限制。村民在用水上都是"省着用"，"洗衣裳舍不得用，就是做饭吃，洗菜的水还洗个手、洗个脸什么的"。一位养过猪的妇女还曾因挑水过多而导致肩膀每年生疮，回忆起过去挑水用的生活，她不由地感叹"当时挑水挑得太累了"。

宋村新的汲水方式即用水管引山泉水出现于1992年，与村庄当时所嵌入的社会背景密切相关。20世纪80年代末，在"要想富先修路"的浪潮下，一条连接山西的省道于1986年从东至西横穿宋村而过，在将村庄分为南北两个部分的同时，也在重构着村庄和外部的空间关系。进入20世纪90年代后，随着市场经济体制的建立和劳动力流动政策的放开，村民的外向流动逐渐增加。间接经验和信息获取面的延展，也在潜移默化地影响着当地人的思想观念和行为方式。宋村村民宋忠发，家住宋村西北沟东侧，是宋村分田到户后最早一批外出谋生计的村民之一。他头脑灵活、富有远见且具有很强的创新能力，80年代在外修过铁路、承包过砖厂并做过包工头。由于经常出门在外面跑，看到别处有村民利用自然导流的原理用塑料管从山上引山泉水时，他联想到自己家旁边长流水的山沟，心想能成功的话，吃水就不用肩挑了。如果去最近的水井挑水，至少要走两里地，"回来就自己倒腾"。引水的前提是要找好水源，为保证水源的稳定性，需要人工挖蓄水池。从人工和成本投入来看，都是一笔大支出，非单户之力量所能及，因此合作成为当时的一种必要选择。为获取村民的合作信任，宋忠发首先在家里做了一个实验，"人们看水位，肉眼看不出来，我把管拉下来之后，先从房根设了一个闸门，先试验试验水能不能吃得上"。试验成功后，宋忠发开始联系附近的村民，并介绍了只需要铺设水管利用地势差就能吃水的引水方式。这种取水方式节省人力，不需要抽水设备，村民称之为"自来水"，也颇感新鲜，"大家都愿意（参与），想着省劲儿"。在自愿原则下，引水的参与户数最终确定为十二户，主要分布在村西，村民之间围绕水的地缘关系较为明显。在引水过程中，宋忠发和另外两位村民陈国民、刘全林自愿成为组织者，负责工程的设计和施工安排。在工程设计方面，引水水坑的大小和数量是根据参与户数及用水量衡量的，水管的铺设依水源和参与者住房位置决定。总体来看，水源的地势要高于所有参与者的住房位置。在成本筹集方面，采取集体均摊、户内自付的原则。引水水坑的修建需要所有参与户集体投工，从水坑到各户的主水管费用集体均摊，从主水管到户内的水管费用和挖沟所需的人工由单户承担。这样相对公平，因为住户较为分散，每户和水源的距离不等，需要支付的成本也不同。西北沟引水工程的总花费为两千元，参与引水工程的农户均摊一百元，共用了三百多米长的水管。

在西北沟引水工程的带动下，居住在东北沟的两位村民也开始以相同的方式组织附近的村民引水。东北沟的水源较西北沟丰富，参与的户数也较多，总计四十户，共挖了四个水坑作为引水的水源，各户均摊五十元。东北沟"井分钱"较西北沟"井分钱"低，也是影响参与户数不同的一个重要因素。90年代初的宋村，外出务工的人数较少，大部分村民以种地为生。作为生存型农业社区，宋村村民当时的经济状况普遍较差。一位由于缺少现金未曾参与引水的村民回忆说，"那时候生活条件差，不用说花钱买水管，买盐吃的钱都不充裕"。参与者的用水权是通过人工和资金的投入而获取的。引水系统建成之后，在用水秩序和分配上，村民之间并没有成文的约束机制，主要遵循按需取水的原则。"那时候用水也少，谁用就放一放"，"洗衣服都出去洗，都嫌废水。冬天在家里洗了，推着小推车去外头涮。那时候大家也挺知道节约的，要不水不够吃"。水在当地人的认知中属于公共资源，英国学者 Hardin（1968）所提出的"公地悲剧"① 在宋村并没有发生。村庄是一个熟人社会，在乡规民约的约束下，村民并非"公地悲剧"理论中所预设的经济理性人，地方文化也在影响着村民的行为选择。在水量使用上，用村民的话说就是"凭自觉"。这种社会安排本身也折射着村民之间的信任关系。

---

① 公地悲剧描述的场景：一群牧民一同在一块公共草场放牧。一位牧民想多养一只羊增加个人收益，虽然他明知道草场上羊的数量已经太多了，再增加羊的数量，将使草场的质量下降。牧民将如何取舍？如果每个人都从自己私利出发，肯定会选择多养羊获取收益，因为草场退化的代价由大家负担。每一位牧民都如此思考时，"公地悲剧"就上演了——草场持续退化，直至无法养羊，最终导致所有牧民破产。

从水获取方式来看，尽管引水在很大程度上比挑水更节约体力和时间，但就水源而言，引水的水源主要是山泉水，水位极易受周围环境和气候变化的影响，稳定性较差。事实上，这种引水系统的使用只持续了两年。在多位村民的记忆中，"当时引水还是可以的，后来旱就供不上了。后来一年比一年旱，就没水了"，"头一年也不这么旱，后来就彻底干了，水位下降"。"旱"通常指长时间不下雨，缺雨水。在村民的表述中，"旱"指的是缺水的体验，而缺雨只是导致旱的一种原因，"旱"并不必然意味着缺雨。实际上，在市场化改革后，村庄周边山区逐渐兴起的铁矿开采活动，也在影响着村庄的地表水变化。访谈中，笔者从数位村民那里听到类似的描述。"水位下降是开矿导致的。小的时候，没有旱过，天旱河套都有水。原先山高，山上没开矿，水从山上往下流。开矿墩下去一百多米。开矿把石头层都打穿了。钻得越深，水越往下渗。水从别处走了。开矿有超过二百多米的。最底部超过了我们村最高的部分。"还有一位村民说："上头岭开矿，下边地表水都没有了，早先这几道沟冬天都哗哗地流水。虞城岭那边都掏空了，多少年了。山都是连着的。一干旱，地表水往下渗，这儿的水就不行了。原先沟里有水，地表水渗下来，现在有水也管吃，但是沟里没水。"随着村庄水位的下降，以山泉水为水源的引水系统最终因为水源干涸而宣告失败，很多村民不得不重返挑水的生活。

综上，结合村民挖井和引水两种不同的水获取方式来看，二者之间同异并存。就共同之处而言，两种水获取方式都是由村民为应对饮用水短缺问题而自发合作完成，这两种组织方式体现的是村民在一定社会结构条件下的生存策略，同时也反映出国家在村庄生活用水供给中的缺位。在经济资源的限制下，村民为了获取生活用水而选择了相互合作，并在分工协作过程中强化着彼此之间的地缘关系，维系着他们对村庄共同体的情感和认同。"官井"水源的开放性，也为村庄所有成员提供了同等的用水权。在很多关于水战争和水冲突的表述中，冲突和战争往往皆因短缺而起。基于宋村的调研，本研究发现，并不是所有的短缺都会导致冲突，在注重社群价值的村庄社区中，短缺也会促成村民之间的合作，社区内部的水分配秩序也为社区文化理念所形塑。

此外，从两种水获取方式的合作范围来看，引水体系的覆盖面与官井相比缩小了许多，这也是两套用水体系的差异之处。从整体上来看，尽管宋村的两套水获取方式遵循的都是自愿原则，但在引水体系中，并非所有的村民都有参与的能力，其中一个很重要的原因就是引水体系的参与具有一定的准入门槛，即参与者需要用现金购买引水所用的水管。引水体系作为一个转折点，在承接村庄合作传统的同时，也在改变着村民过去用水不用花钱的观念，并影响着村庄后续的用水秩序变化。引水系统由于水源干涸而失败后，村民不得不回到挑水吃的状态。为应对水短缺，小部分村民开始相互合作挖水井，用水泵抽水，而大部分无力支付水井成本的村民只能继续挑水、找水和等水。这也是德国 EED 基金资助下的饮用水发展项目进入宋村的背景，本章将在第二部分详细探讨饮用水项目干预对村庄水分配秩序变化的影响。

第二节　集中供水干预、资本依附与村庄政治

改革开放以后，伴随农村的去集体化过程，中国政府对农村公共物品的投入不断减少。在公共供给不足的情况下，为满足刚性需求，农村公共物品的投资主体开始多元化（张军、何寒熙，1996）。2001 年，中国农业大学人文与发展学院和德国 EED 基金合作，在宋村开展了"以研究为导向的参与式社区发展研究"项目，旨在通过动员村民参与社区资源的使用、规划和管理达到扶贫的目的，实现村庄的可持续发展。在参与式方法的引导下，解决村民饮水难的问题成为首选的项目活动。在宋村，由于村民的饮用水缺少公共投入，因此项目的进入不仅填补了公共供应主体缺位留下的空白，还与随后出现的农村工业共同形塑着村庄的用水秩序。本部分将从项目的实施和管理两个层面，分别探讨饮用水集中供水项目干预对村庄饮用水分配造成的影响。在实施层面，将主要探讨饮用水集中供水项目过程与村庄政治之间的关系及影响；在管理层面，主要探讨饮用水集中供水项目的水供应安排以及出现在村庄的选铁厂在水供应中所扮演的角色。

一 参与式饮用水项目干预的政治过程与水控制的强化

参与式发展概念的提出始于 20 世纪 80 年代。以"赋权"为理念核心，以参与式农村评估为操作工具，参与式发展侧重"推行'以末为本'的自下而上式路线，充分尊重本土知识，鼓励当地人民发挥能动性和决策力以实现自己的目标"（孙睿昕，2013）。在宋村，由德国 EED 基金资助的集中供水工程就是由项目人员通过结构访谈与半结构访谈、矩阵排序等参与式评估工具与村民互动所形成的规划，旨在在村庄建立公共供水体系，解决村庄公共产品缺失的问题。据村民介绍，当项目进入村庄时，"村里忒需要这个水管水"，因为当时大部分村民从井里挑水吃。就饮用水项目的实施来看，"都是村里自己组织的"，具体而言，是以项目出资、村民投劳、村干部负责组织的方式完成。尽管项目的理念是要赋权于村民，让村民参与村庄公共事务的规划和管理，但在运作的过程中，村民的实际"参与"以及饮用水项目的整个实施过程都受制于村庄政治，所赋的"权"更多地体现为参与权而非关系到村民水获取的决策权。

在访谈过程中，笔者发现，提到项目资助的饮用水，村民所用的指涉词为"大队的水"。"大队"是集体化时期，相对于生产小队对村集体的称谓。用"大队"来描述 EED 基金资助的饮用水集中供水工程的背后暗含了两层意义。

在村民的认知中，一方面，饮用水工程被赋予了公共产品的性质，大队即村集体为供应主体，承担着维系水供应的责任；另一方面，"大队"是相对于村民的"他者"，这种二元关系折射着村民在饮用水工程决策参与中的认同缺失。村民更习惯用"大伙"指涉由村民自发组织的引水工程。据村民介绍，"大队的水井在河套边上。用大水管抽到西岭上的大水坑里，然后用水管送到各户"。总的来看，项目资助的饮用水集中供水体系主要由水井、水泵、水塔和水管组成。由于宋村位处山区，整个村庄西高东低，村民的住房位置地势不等，水井、水塔位置以及水管铺设方式背后技术性方案的选择，都影响着村民实际的水获取能力。再者，这种方案选择作为一种社会安排本身也负载着价值，并不是中性的。因此，饮用水项目的具体设计过程也是一个政治过程。

集中供水体系的水井是一口人工井，井壁由石头垒成，约八米深，位于村南靠近河套的一块耕地之中。这块地是在农业学大寨期间利用河滩改造而成的，属于一五生产队。在宋村，水权和地权是相互绑定的。土地的使用权决定着取水权。井位是由村干部决定的，所占耕地是由村干部从承包户手中征用的。用村民的话说就是，占的是"个人的地"，"大队出钱买死了的"。也有村民认为，村干部在选择井位时是别有用心的，因为"村主任和书记都是一五队的人，选址就选在了自己队那里，别管这是谁的地，大队也得给钱（征地补偿）"。从方位上看，井位之所以选在村南，有两个考虑。一是因为村庄的地势北高南低，往南靠近河套的部分以沙石为主，适合人工挖井，往北地下岩石层较厚，人工"挖不了"。二是水源的稳定性。据村民介绍，"大队的井是大河的表水。大队井的地势低。大队怕打不出水，水少，供全村供不上，就跑河套里打。打得低，想着低处水多"。总的来看，井位的选择更多是为了满足水量上的供应需求，但忽略了水质问题，加大了村庄饮用水安全的风险。"过去没有矿，也没有污染。大队打井的时候，还没有污染。那时候没几个开矿的，不明显，也不多。"在村庄的选铁厂变多之后，被污染的河水直接渗入了水井之中。很多村民表示，大队的水变得"不好吃"、"不干净"和"不卫生"了，"都是选铁厂开矿，从河里流下来的水，污染太厉害"，"大队打的那个井吃不得了，河套让尾矿给污染了，完全都是那个水渗的"。村民对水污染的认知源于对饮用水水质变化的体验。"喝的水都不一样了，水质都变了，味道也不一样。一下子也说不清，有点涩，就是不一样了"，"街里的水喝起来甜丝丝的，好喝。大队的水，凉水都喝不得"，"我们的水都有污染，和之前山上的水相比都差多了。以前烧水没见过渣子，现在水壶一层白，也不知道那是什么"，"碱变大，有沫沫"。

饮用水集中供水项目中的水塔位于村西，由水泥和砖块修成，能够储水二十立方米。水塔的位置选择主要依据村庄西高东低的地势，"西边的坡高，往东边流水好流，东边低西边高，水往低处流"。但对比水塔和村民住房距离地面的高度，不难发现，水塔的位置要低于很多村民的住房高度。这也意味着居住在高处的村民"吃不上水"，"地势高的上不去水，装了水管，但吃不上水"。集中供水体系的实际覆盖面只有百分之八十。一位住在村庄东北沟的村民说到村庄的集中供水项目，就开始抱怨，"大队只有一个井，西岭子上只有一个蓄水井。俺们这个沟地势高，水来不了，还让俺们去挖管子沟。村干部叫咱们挖去。不挖不行。他们选哪儿就是哪儿，全大队就那么一个蓄水池。高处的都吃不上水。没法就下去到大街的井上挑水，大街的井干了，还得下井去淘水"。还有村民说："过去铺水管和建水塔的时候，没有考虑高处吃不上。说起来大队有井了，高处反映吃不上，也没法。就这么等着。旱了，大街的井里没水，就得去东头的井挑水，得多远啊，我要是挑还要歇两歇，才能挑到家。"由上可见，在水塔位置的选择过程中，并不是所有村民的利益都被纳入决策者的考虑范围，村民的决策权并没有得到体现。

此外，水管的铺设方式也在影响着村民的水获取。2011 年 12 月，笔者第一次在村庄调研时，就发现集中供水项目在冬季无法供水。村民对此的解释为，"水管埋得浅，冬天容易上冻。不冻也都能放（水）"。在当地，由于天气寒冷，冬季的冻层通常在八十厘米到一米左右。"必须挖一米不冻，才吃得上水。"水管上冻的原因与"大队对工程质量把得不严"有直接关系。据村里的水管员介绍，村庄每年正常的供水时间只有八个月，从阴历三月到十月。"冬天一冻，吃不上（大队水），都从大街井里挑水吃。"由于村庄的冬季属于旱季，水位较低，因此集中供水项目并没有从根本上解决村民的季节性水短缺问题。在水管的投资层面，村干部也只是购置了主水管，在村民自发引水体系上进行了搭建，并没有进行重新布置。"弄那个水管的时候，大队就埋了个主管，直接接了各家各户自发引水时已有的分管"，"没有水管的，自愿出钱买管接水"，"主管是大队的，分管是个人的。把总水管接到分管上，用三通连起来的"。

就村民自发组织的引水体系和项目资助的集中供水体系来看，两套供水体系因为水源不同，供水的覆盖面和水辐射距离也不同。只改变水源而不重置水管布局的行为，强化着村民因为住房地势不等而产生的水获取分化。在访谈中，有村民表示，"大队的水管捣鼓来捣鼓去的，农大投了点资，其实打的水塔实际作用不大，老百姓没怎么享受过。水塔位置不错，管子的设计不是太合理"。在村民的认知中，村干部的这种简化安排很"省事"。这凸显着村民对村干部在项目投入资金支配上的不信任。事实上，由于村民参与了大部分项目施工过程，他们对工程的成本花费十分了解。一位老年人抱怨说："农大再投钱不要给村里，都让干部给吞了，社员都吃不上水。"总的来看，在项目资助的集中供水体系中，水井、水塔和水管位置的选取及具体的铺设设计与决策是嵌入村庄政治过程之中的，并促成了村民在水获取上的区域性和季节性分化。集中供水项目在村庄的实施虽然填补了饮用水公共供应主体的缺位，但也强化了村干部对水供应的控制权以及村民在集中供水需求上对村干部的依附。

二 供水安排与资本依附

城乡双轨制是中国公共产品的供给特征。城市的公共产品一直由政府提供，但就农村而言，虽然供给制度在集体化前后发生了形式上的变化，但农民实质上始终承担着农村公共产品供给主体的责任，以政府为供给主体的农村公共产品供给机制始终是缺失的（刘鸿渊等，2010）。在宋村，饮用水的供给一直依靠的是村民的自给自足。由于村庄饮用水公共供给不足，德国 EED 基金资助的饮用水集中供水项目在一定程度上填补了公共供给主体缺位而留下的空白，但主要集中在供水设施方面，水供应的成本以及供水工程的管理和维系仍然需要村庄内化解决。在村干部主导的村庄秩序中，集中供水项目的具体供水安排不仅关系着村民的水获取，也影响着村民对村干部的看法和态度。

项目资助的集中供水工程主要是利用潜水泵将水从水井抽至水塔中，再通过分水管向户内供水。与村民自发引水工程不同的是，集中供水工程具有现金成本，主要包括两个部分：一是电动抽水设备所需支付的电费；二是负责抽水和放水的水管员工资。集中供水工程完工之后陷入的尴尬是，村集体并无足够的经济能力承担供水成本。因此，在水供应安排上，村干部决定对供水时间进行控制，定时定点放水，"如果敞开了供水，水井水够用，但是大队承担不起水费"。每天放水时长为八个小时，并向实际用水户收取水费，每人每月一块钱，住房位置地势较高而用不上水的村民无须缴纳水费。村庄是一个熟人社会，水管员作为村庄共同体的一员，熟知村民的用水情况，"天天在大街里转，知道谁家吃，谁家不吃"。但在供水开始之后，有些距离水塔近的村民开始在院子里种菜，并对菜地进行灌溉。由于水塔容量以及供水时间的有限性，部分村民的灌溉用水量也在挤压着其他村民的水获取空间。"那点水只够生活用水，浇菜就不够了"，"西边有水就浇地，东边水都过不来"，"近处的浇地，远处的用不上"，"大街的人们院子大的都浇菜，要是（不浇菜，水）也能来了。人们不接水，（水管）都在菜园子里放着"。水获取的不均性引发了很多村民拒交水费的行为。当时在任的村干部回忆说，"老百姓不愿意掏"，"敛钱敛不上来，放水太多，不够开支。浇菜，这个水供不起。有的户里有，有的没有。浇地这个水比好几户用水都多。有的种菜、韭菜、瓜，能浇好几瓮"。为控制村民在院落内的灌溉用水，村干部曾利用广播和入户检查的方式"不让浇菜"，但"都不管用"，"户里还是浇"，"谁看着他去啊"。村里的水管员对此也表示无奈，"你强求不了。你不能说卡死，不让浇菜。他浇，你能怎么着他啊"。在口头约束无效的情况下，水费制实行一年后，村干部商议在户内安装水表，按各户的用水量进行收费。但这种控制方式最终招致村民的日常反抗并以失败而告终，"户里安水表，花了好几千，弄不到几个月，人们都把水表拧了，不顶事儿"。为了减少供水成本，村干部在供水时间上进行了调整，改为隔天供应，以满足饮用水为主，"两天放一次。每天早上八点放到十二点。夏天用水量大，延长到六到八个小时"，"不敢每天都有水，村里人太不自觉"。对集中供水时间的限制，实质上也是一种水控制，位于控制关系两端的分别是村干部和村民。尽管村干部可以从供水量和时间上进行约束和控制，但无权干涉村民户内的水安排，也无法规避户内继续浇菜的行为，"不让浇也不合适"。从村民用水需求来看，集中供水时间的缩短也带来了供水不及时问题。"想用的时候没有，放水的时候不在家接不上"，"大队很多人都吃不上，放的功夫太小，放大了也吃不上"。为了满足水需求，吃不上水的村民只能选择继续挑水。此外，在村干部的水控制压力下，得益于外出务工机会和劳动力收入的增加，经济水平有所提高的村民也在试图寻找自主性用水空间，绕过集中供水系统，投资挖井以寻求稳定水源。关于村民挖井的行为，将集中在第三部分展开论述。然而，对于无力支付打井成本且在体力上存在挑水困难的村民来说，集中供水可以替代挑水。这一群体对村庄集中供水具有较强的依赖性。一对无水井的老年夫妇因为都身患腰椎间盘突出而"挑不了水"，"大队的水放放又不放了。没水的时候，这儿挑挑，那儿挑挑，赶吃水都发愁"。

2003 年，宋村村委换届选举。在村干部竞选的过程中，村主任候选人宋银福承诺上任之后让村民免费吃水，因而获得了大多数村民的支持并成功当选。上任之后，在县级政府招商引资政策的号召下，宋银福首先积极配合县交通局完成了连接宋村和邻乡的乡乡通修路工程，共修了八公里长的路段。宋村与邻乡之间交通网络的建立，为宋村招商引资以及选铁厂的进入提供了条件和基础。"政府招商引资，搞开发，没路没电没人去。电通路通通信通。三通来了，人什么都能做。"宋村干部连续两年的大力招商，共吸引了五家外地人投资的选铁厂。选铁厂投产后，村干部开始找这些选铁厂筹集资金，支付村庄集中供水所需的电费和人工费。这也折射着税费改革之后村集体无力进行公共产品投入的尴尬。宋村的村主任认为，"选铁厂占着村里的地，用着村里的劳动力，为村里做点贡献是应该的"。村支书也"一直跟村里人强调，村里的企业尽量维护着点，多两家企业，他们经济效益好，毕竟会为村里做点贡献，包括村里的自来水，企业出的水费也算是大家伙的福利"。在集中供水的界面上，伴随选铁厂和村民之间水费支付关系的建立，村庄公共水供应系统对选铁厂也形成了经济依附。选铁厂的出现在再次填补村庄公共物品供应主体缺位留下空白的同时，产生了双重效果，一方面赋予选铁厂的进入以合法性，另一方面为村干部赢得了公信力并强化了村干部的水控制权。但具有讽刺意味的是，选铁厂在承担村庄水供应成本的同时，也在圈占村庄的水资源。由于选铁厂的加工生产威胁着村庄公共水源的水质问题，对于村民而言，他们在依赖选铁厂完成水获取的同时，不得不承受选铁厂所带来的水污染影响。

2008 年以后，随着铁粉价格的回落，宋村选铁厂的经营状况每况愈下，村民对选铁厂的依附性也开始显现。对村干部而言，"放水得拿电费，给工钱"，但"选铁厂停了，也要不上钱了。选铁厂开着能要点钱，选铁厂不开，连人都看不到"。选铁厂的停产切断了其对村庄集中供水的经济支持。选铁厂和村民之间经济依附关系的断裂，体现为集中供水的稳定性被削减，供水时间从之前每两天放一回延长为每四天放一回。2012 年初，由于集中供水体系中的部分水管出现了堵塞，新任村干部随即停止了供水，引发了许多村民的抱怨，其中多为无私人水井且对集中供水依赖性较强的村民。在村庄舆论压力下，村委于 8 月才开始组织村民疏通水管，但之后的供水时间很不稳定。有村民抱怨，"不知道大队的水管什么时候有水。哪怕三天四天放一回，你倒是放啊"。在村庄水位不断下降的背景下，为寻找稳定水源，很多村民开始投资挖私人水井。集中供水的断裂也催生了村民的打井热潮和水获取分化，这些将在下一部分中进行详细探讨。

第三节　水分化的形成与强化

结构功能主义者认为，结构是客观的且不依赖于意识和意志的规则。但在布迪厄（2003）看来，结构的客观性实际是一种主观性预设，结构和个体能动性之间并非决定与被决定的关系，而是双向形塑的关系。就宋村的水获取而言，在公共投入供给难以满足村民水需求的情况下，村民也在积极发挥着自身的能动性，通过打井来寻求水获取的自主性空间。水井在为所有者提供水获取权的同时，也意味着经济成本的投入。尽管村民都有水需求，但并不是所有村民都具备水井投资能力，水井的投入门槛也催生了村庄的水分化。本部分在梳理村庄水分化的基础上，旨在探讨村庄水分化背后的推动力量和强化机制。

一　私有水井的出现与水分化

在饮用水公共供给缺位的宋村，私有水井的出现标志着村民之间水控制和水获取能力的分化，市场改革带来的经济分化为其提供了前提和准备。与开放性的公共水井不同的是，私有水井具有封闭性和排斥性，用水权只限于水井的投资者。从取水方式来看，私有水井利用的是电力抽水设备。在村庄水位不断下降的趋势下，拥有私人水井意味着可获取水源的稳定性，用村民的话说就是，"你愿意什么时候用合闸都有水"。从水井的社会组织方式来看，宋村的私有水井经历了从合伙井到个体井的转变。目前，宋村共有 30 个合伙井，43 个个体井，无井户数为 18 户。无井户以老年人和单身汉为主。

合伙井的出现始于 20 世纪 90 年代末，是村民基于地缘关系，通过邻里之间两到三户不等的户户合作，在均摊原则下共同投资投劳，用人工挖的水井，主要分布在村南靠近村民住宅区用于种菜的自留地里以及往北延伸的西北沟和东北沟内，因为这里"地势低，好打水"。宋村的地势北高南低，除村庄住宅区及往北延伸的山沟外，都以岩石为主，往南以沙土为主。人工挖井只能在沙土地上进行，岩石地"挖不动"，"人工挖不下去"。合伙井的深度一般在七米左右，属于浅水井。合伙井拥有者的住房主要集中在由东至西穿村而过的省道以南部分。这和路面被硬化的公路有一定的关系，因为公路被硬化后，省道以北的村民无法跨路面铺设水管。从水井的结构来看，合伙井与公共水井类似，内壁由石头或水泥管砌成，不同之处主要在于合伙井的井口较小且带有用水泥做的井盖，无公用的取水设备，投资打井的村民需要各自购买水泵和水管抽水。在当地人的认知中，水权和地权是相互绑定的，拥有土地的使用权意味着拥有土地所附带的水权。合伙井位于个人的自留地中，相对于位于村庄中心的公共井，合伙井的位置选择不仅具有私人意味，在水获取上对于无井分者还有向外的排斥性。无井户对集中供水体系和公共井存在较大的依赖性。

个体井集中出现在 2012 年，尤其是集中供水体系断裂之后。个体井也被称为机井，是由单户投资，通过雇用打井队用机器设备钻出来的水井，适合岩石地带，主要分布在公路以北。据村民介绍，机井"守着山根能钻，南边没有山根，有河矿石，怕夹住钻头，钻不动，再就是钻了好（容易）塌。河矿石就是大石头一块一块的，有沙子钻不了"。与合伙井不同的是，个体机井井口较小，为深水井，井深从 40 米到 70 米不等。从井位上看，个体井大部分在村民自家的院落中，空间层面上的私人性和排斥性比合伙井更为强烈。

除了上述的水源稳定性，选铁厂带来的水污染也是促使村民挖深井的一个重要原因。水井深度的不同也意味着可获取水质的差异。在村民的认知中，水井位置不同，水源和水质也不同。村北的机井水属于"控山水"，是"石缝里浸出来的雨水，没污染"。受选铁厂排污的影响，靠近河套的水井水"有污染""不卫生"。在村庄饮用水井的方位分布中，项目资助的集中供水井位于村南，距离河套最近。很多村民认为，集中供应的水即大队水有污染，"吃不得"。村里很多人之所以打井，是为了获取较为干净的水源，"北边都是山，山头上没有污染，选铁厂污染的水都去了南边的河套里了。都流到河套里了，要不人们现在都打井呢，北边污染得轻啊"。就水井深度和水质的差异来看，"水越浅，污染性越大；水越深，渗得也深，污染性就小"。水质的差异也体现在村民"吃水"的体验中。很多村民会用"凉"作为水质好坏的判断标准，村民认为水越凉越好喝。但这种"凉"也蕴含着浅水井和深水井井水的水质差异，因为只有"深井的水是瓦凉的"。

虽然村民对选铁厂所导致的水污染有味觉上的亲身体验，并建立了水污染意识，但在行动上并未对选铁厂进行反抗，更多的是保持沉默。当被问及对水污染的态度时，有村民回应，"知道污染又有什么用，该喝还不是得喝，不然也没水用"。关于环境抗争，冯仕政（2007）和朱海忠（2012）分别从行为和认知层面对环境污染受害者是否选择环境抗争的原因进行了考察。冯仕政（2007）侧重考察环境污染受害者实施抗争的行为能力。基于对具有个体性、事件性环境抗争行为的分析，他认为差序格局影响着环境污染受害者的行为选择，因为社会关系网络不同，处于不同社会经济地位的个体所能调配的资源不同。总的来看，冯仕政探讨的只是显性抗争行为背后的特点和原因，不足以阐释隐性环境抗争行为。朱海忠（2012）在研究中提到过"关联嵌套"的概念，这个概念更有助于理解宋村村民面对水污染的沉默。关联嵌套意指个体对环境风险和危害的认知方式是嵌入在日常事务之中的。如果个体日常生活的连续性未受到污染带来的威胁和破坏，个体将继续关注所习惯的日常事务，他们对环境危险的认知也将受到限制。在宋村，水污染并未破坏或直接威胁村民日常生活的连续性。尽管污染对健康的危害是逐渐而缓慢的，但至今水污染并未导致重大的安全和健康事故，由此也形塑着村民对水污染认知的模糊性，村民对水污染的感官性认知就体现了这一点。就水污染而言，虽然村民都属于"沉默的大多数"，但是村民沉默的方式也是存在差异的（陆继霞，2014）。相对于冯仕政（2007）所探讨的公开的环境抗争行为，宋村村民表现更多的是自我调适和个体化的应对策略，如打深水井、安装饮用水过滤器或者购买具有净化功能的饮水机。村民宋乐平是宋村唯一一户安装过滤器的。这套过滤设备的成本是两千块，过滤后的水主要用于饮用。也有村民表示自家带有净水功能的饮水机，"不到一年，一烧水就哗哗乱响，坏得太快，水垢太多"。

总的来看，村民挖私有水井以寻求安全稳定的饮用水源为目的，是针对集中供水系统无法满足自身用水需求而采取的应对策略。但是，私人水井并不是村庄饮用水画面的全部。尽管村民拥有承包地所附带的水权，但水获取权并非都能实现，因为用地下水需要打井，打井需要现金投入。即使是人工井，也明显超出当时大多数村民的经济能力。"（打井）算大开支，不小的工程，用料、用人多啊。那时候，收入有限。最开始打井的是条件好一点的。"很多人工井采用的是合伙制也体现了这一点。机井的成本投入主要包括三个部分：机器的钻井费用、驱动钻井设备的柴油费，以及抽水设备和水管的购买与安装费用。机器的钻井费是按井的深度来算的，每米的价格从五十到八十块钱不等。2012年，宋村的水短缺"市场"先后吸引了两个外地的打井队，一个来自山东，一个来自附近的管头镇。山东打井队最先进入宋村，钻机井每米的费用为八十块钱。管头队进入之后，为了抢占水井市场，通过降价和山东的打井队进行了一场价格战，但以失败告终。"打井以前是八十一米，现在两家竞争，管头的说六十块钱一米，山东的就降价到五十块钱一米。"山东打井队在宋村共打了近四十口机井。

2013年7月，笔者再访村庄时，偶遇管头打井队在东北沟打井。"这个村山东的打井队打得多，剩下的我们来打。"这个打井队一共有五个人，钻井设备的投资者是一对父子，另外三个人是雇来的，两个年轻人和一个老人。"过去当地没有这套机械设备，山东钻井队来了之后，才从山东购买了这套设备。"投资者中的父亲已有十多年的打井经验，但过去是"人工墩井，花的时间长，要十天半个月，碰到岩石就不能打了"。管头打井队的设备最多能打深至一百米的机井。和山东打井队设备不同的是，他们的设备打出来的机井井口直径要大一些。与同位置和同深度的井相比，井口大意味着盛的水多。据打井队的老人介绍，当地的地下水水位一直在下降，"一年比一年旱。以前钻这个井二三十米就有水，现在就得三十米往下"。在宋村钻井，一般十米就能出水，但为了保障水源的稳定性，"见水了还要往下钻，钻个三十来米。这个井筒儿太细，刚见水不够抽"。一口机井的总成本在五千块钱至一万块钱之间，对于大部分村民来说，这是一笔大投资。宋村农业属于生存型农业，村民种植的农作物大部分用于自家消费，主要经济来源为务工收入。在村民洪喜看来，虽然"现在经济比前几十年强得多，打工都能挣到钱，但是依然比较吃力。一般的家庭拿出几千块钱都比较吃力"。在宋村，并不是所有村民都有同等的投资能力。经济条件好的村民在应对水短缺上有更多的优势和选择空间。如村民所言，"如果没有钱，就打不了（井）。大队里也没供水，要不就只能挑水"。

　　事实上，水获取能力的分化也在影响着村民的用水方式。一位拥有机井的村民这么描述没有水井的邻居，"前面这一家，还是跟井上挑水，老两口，还是那老社会呢，觉得挑的水，舍不得使，有的时候，看早上的洗脸水，还留着，黑了，加点水，还洗洗脚"。对于无力打井的村民来说，他们只能依赖公共水井或集中供水系统取水。一位靠挑水吃的 71 岁独居老人刘明芝说："大队不放水就麻烦了。这水吃着别扭呗。大队里放水，我都觉得吃水方便。"笔者于 2013 年 12 月在村庄期间，发现去井上挑水的大部分是老人。有一位七十多岁的老人在挑水的路上，由于路面结冰光滑而摔伤了胳膊。然而，对于有私人水井的村民来说，开放性的公共井和不用花钱的大队水只是一种备用水源。"自己有了水井，不想着用大队的水了；吃水就用个人井的水，觉得大队的水不卫生。"笔者在村庄调研期间，曾看到很多有私人水井的村民用大队水浇院落里种植的蔬菜、洗衣服。这些生活用水量也在影响着无水井村民的饮用水获取空间。此外，随着村里深水井数量的增加，深度只有十米的公共井的供水能力遭受着潜在的威胁。相对于"吃水没有困惑"的有井户，随着水位一直下降，无水井的村民在水获取上将具有更大的风险性和脆弱性。

二　水分化的推动力量：个体化、技术的排斥性与水获取的商品化

改革开放初期，村民在应对水短缺时，更倾向于采取合作的方式，如前文所提到的村民自发组织的挖井和引水

工程。但随着市场化程度的不断加深，原有的合作传统开始式微。在选铁厂带来水污染和水位下降的背景下，村民在水短缺应对上的分化趋势越来越明显。与此同时，大批私人水井的出现强化了村庄的水分化趋势。和过去的合伙井相比，机井的成本要高出很多，但为什么越来越多的村民选择单独投资而非合作？本部分试图从个体化、技术的排斥性和水获取的商品化三个维度对宋村水分化形成的原因进行探讨。

首先，当被问到选择"个人"打井的原因时，大多数宋村村民用一个词来回答："方便。"村民的这种解释意味着取水上的便利，有水井和水泵可以抽水，不用四处找水、排队挑水。方便这个词还蕴含着原子化的水获取空间和自由的水控制权，不受别人的干扰。这也是市场型福利制度背景下村庄水获取个体化的体现。波兰尼（2007）曾指出，"将劳动和生活中的其他活动相分离，使之受市场规律支配，这就意味着毁灭生存的一切有机形式，并代之以一种不同类型的组织，即原子主义的和个体主义的组织"。在公共水供给缺位的背景下，铁粉加工带来的水位下降催化并加速了村庄水获取的个体化。

农村市场化改革是对个体的松绑过程，与此同时也在重塑着国家与个体之间的关系。一方面，国家为了促进经济发展，减轻财政负担，采取了"甩包袱"的方式，不断退出农村公共产品的供给界面，由市场填补国家退出后留下的空白，并要求个体承担公共产品的自给；另一方面，在市场型福利体系下，国家所主导的个体化加速了社会经济分化并形塑着社会不平等（阎云翔，2012；张良，2013）。在宋村，社区内部的经济分化在很大程度上决定了村民之间不平等的水获取和水短缺应对能力。此外，水井市场的兴起也在消解着社区内部的社群关系，即波兰尼（2011）所言的"非契约关系"。在市场所奉行的契约自由原则下，这些关系在要求个体忠诚的同时限制了个体的自由。当被问及为何村民之间在过去有水获取上的合作，现在反而变少时，很多村民表示过去的自发引水工程在当下"肯定弄不了"。村民宋金万曾参与并组织过自发引水工程，在他看来，"那会儿都是个人受益，个人自发。现在我认为弄不了，现在是经济社会，人们都向钱看了"。就机井而言，即使有合作，也只能限于亲属关系之中，"也就是婆婆媳妇小子合着用一个水泵，其余的关系都没法弄。要不电费该怎么出呢，亲老子亲小子，大不了你多掏点，大不了我多掏点，换外人就不行"。也有村民认为，合作是一种束缚和负担，合着打井是有弊端的，"一旦机器坏了，有些人着急，有些人不着急，找这个那个商量都麻烦。这会儿的人，利益驱动的较多。过去过集体生活，现在过私人生活，私心越来越严重。道德有的人能约束，有的人不能约束"。随着社群被市场不断化约为个人，个人不得不独自承担并应对水短缺的风险，村民在水获取上愈来愈趋向于个体化并推动着村庄的水分化。虽然水获取的个体化能够给村民带来一定的"方便"和自由，但这种附带"价格标签"的自由是以保障为代价的（鲍曼，2002）。

选铁厂的现金收入机会也在强化着村民的商品意识。在市场原则的冲击和洗礼之下，村民之间传统互惠关系的合作被"小时"和"工资"所取代，市场原则开始从经济领域不断蔓延或渗透进村庄的文化领域，不仅把原来不是商品的东西转变为商品，而且也在将一切关系化约为市场的交易关系（吴理财，2014）。有村民介绍说，选铁厂出现后，村民"小的时间对待地，大的时间就上班去了"。村民过去挖井都是找人帮工，只需管顿饭，不用支付工钱，但现在用工得花钱雇人。劳动力商品化意识也在削弱社区内部互助网络基础上的安全阀。对于无力支付水井和抽水设备费用的人来说，在公共供水保障缺失的情况下，脱离合作关系后的独立自主意味着更大的水获取压力和水短缺风险，村民之间的水获取能力差异被转化为个体自身能力的不足，并在个体内部形成自我谴责，要求个体为自己的生存独立承担责任（阿柏杜雷，2001；鲍曼，2002）。就打井而言，用村民的话说，就是"个人的"事，"有钱的就打，没钱的就打不了"。由于水资源的有限性和排斥性，个体化所形塑的水分化不仅意味着水获取量的分化，也意味着水短缺风险的分化。在同一用水界面上，穷人因为抗风险能力较弱更容易被边缘化。

其次，为应对地下水水位的不断下降，村民选择钻井来获得稳定水源。私有水泵的使用以及新的钻井技术对村民之间的合作具有排斥性，在推动村庄水分化的同时侵蚀着社区内部的社群性，不利于社群的再生产。公共水井在过去不仅是村庄的中心，还是社区内部重要的公共空间。在同一口井汲水为村民之间的日常交流提供了界面，也强化着村民之间的地缘性情感纽带和社区认同感。但伴随私人水井和水泵的出现，社区内部的公共汲水空间开始萎缩，取而代之的是私有化的水获取空间。村民之间的合作文化被侵蚀和弱化，村庄的水分化开始加速。与依靠人力合作的人工钻井方式不同，新的钻井技术主要是靠柴油机带动钻井设备来完成，机井井口较小，只能容纳一个水泵。和人工井相比，其对外的封闭性和排斥性较强。在高亮华（1998）看来，技术的设计和使用是一个社会过程，技术并非中性而是负载价值的。作为一种外来的新知识型，机器钻井技术折射着人类中心主义的价值观，就人与自然的关系而言，体现的是人对自然的强干预。相比之下，井位的选择在过去依靠的是当地人的地方性知识，体现的是以自然为中心的价值观，如当地人根据周边树和草的长势判断水源地。机器钻井"想在哪儿打在哪儿打"，井位的选择取决于打井户的需求，"主家说了算"，不需要考虑天时、季节变化和地形差异，对水的技术性干预完全以人为中心，缺少与自然的互动，对自然的态度更加冰冷。然而，技术理性虽然在井位上赋予了村民更多的选择自由，但钻井技术的排斥性和商业化本身削弱了村民之间的合作，同时侵蚀了村民的社会资本和社区内部的合作文化。

最后，抽取井水需要花钱购买电力，由此带来的水获取商品化一方面迫使村民对现金形成依赖，另一方面重塑着人们对水的认知，水开始被视为私有财产，用村民的话说就是，"谁的井，水就是谁的"。对有井的村民而言，尽管拥有了水的获取权和控制权，但他们仍然承受着商品化的宰制。水虽然没有被商品化，但是生活资料和生产资料以及用水成本的现金压力影响着村民的水获取。在被问及饮用水的最大变化时，很多村民回应，"以前吃水不用花钱，只需要费点体力，现在吃水要花钱。吃水不用挑了，生活都好过了。就是掏钱买。只要有钱掏钱，什么都方便。说不自由也不自由，说自由吧也要费电"。村民抽取井水，水本身是不用花钱的，除了水井和水泵的投资外，主要是电费成本。水获取的现金门槛决定着用水的"自由"。经济能力不同，对水获取商品化所带来的现金压力的感知也不同，具体体现在村民的用水态度和方式上。较富裕的村民在住房和生活用水设施上比穷困户优越很多，如户内有水塔、抽水马桶、洗衣机，前者的生活用水量远远大于后者，并且在用水上较为"自由"。而对于贫困户而言，为了节省现金支出，尤其是对于缺乏养老保障且无稳定收入的老年人来说，即使有稳定水源，他们也会在家里准备一个大水瓮，每次将水抽到瓮里，用完再抽，主要用于生活用水。有一对老年夫妇在自家的院落里种了蔬菜，虽然有井水可以用来浇菜，但他们很少抽水灌溉。"这些菜不浇，浇就要花好些钱。每次浇，老头（老伴）就说别浇了，旱不死就得了。"

此外，水获取商品化也赋予了水私有化性质，进而也在推动着村庄的水分化进程。村庄过去的水短缺是群体性短缺，村民选择以互惠合作的方式集体应对水短缺，而水获取商品化以后，其附带的私有化观念不仅弱化了这种群体性合作，使群体性短缺被个人性短缺所取代，而且强化了村民之间水短缺应对能力的分化。这种分化也在认知层面进一步强化着村民对水的私有化观念。一位年过古稀的独居老人，没钱打井且身患腰腿疼痛的毛病。由于儿女外出务工，她有时需要依靠邻居帮忙挑水吃。她希望有自己的水井，"挨着的几家都打了，就是我没打。没钱就没打，想打没钱。老吃别人的水，个人觉得不得劲。要是腿不疼还没事，腿疼不敢挑"。老人之所以觉得"不得劲"，是因为邻居家的水需要花钱抽取，用邻居家的水成为一种人情负担。"不得劲"是这种负担以及水分化所带来的直观感受。

三　消费主义与水分化的强化

消费主义在农村的兴起也影响着村民的用水方式和用水量的变化。本部分将以村民的住房风格变化和太阳能热水器家电下乡为例展开探讨。

在宋村，传统的住宅形式是具有北方特色的四合院，由正房和偏房组成，主要的建筑材料为石头、黄土和木头，就地取材。自20世纪90年代以来，村庄的住房结构开始发生变化，石头房开始被以水泥和钢筋为主的砖房和楼房取代，同时也影响着村庄用水量的变化。从建筑材料和建房用水来看，砖房和楼房的耗水量远远高于传统住房，因为用水泥盖房需要用水，对稳定水源有一定的要求。很多村民在盖房之前会提前挖井，"和灰（水泥）用水多。盖房缺水的话就误了工了"。从室内装修来看，宋村所有的砖房和楼房地面都贴着地板砖。由于地板主要靠水来擦洗，因此砖房的日常性清洁需水量较大。

笔者在村庄调研期间，一直居住在村民陈秀文家里。陈秀文家的房子过去是具有地方特色的石头房，2011 年重盖为两层楼房，撤去了偏房，上下两层各有一个洗手间，内有淋浴、洗脸池和抽水马桶，所有房间地面都贴上了白色的地板砖。为了保持室内的清洁，陈秀文每天至少拖两次地，多则三到四次。然而，就住房的功能而言，尽管砖房没有石头房防暑抗寒，保暖性较差，地板砖的安装增加了日常负担，但村民在盖新房时仍会选择砖房的建筑风格，并视其为流行风尚。承载着地方文化的石头房被认为是落后和贫困的象征，就连住石头房的村民也开始觉得自己"没出息。看人家都盖房啊，我们家还是这破房子"。作为一种符号，砖房和室内地板砖等彰显现代化和城市化的建筑和装修风格，在村民的认知和价值理念中更多地成为身份和财富的象征（朱晓阳，2011）。在村庄新住房的修建过程中，传统住房的地方特色开始让位于城市色彩更为浓厚的住房形式。村民追随以城市为样板的住房形式，实际上迎合的是城市的文化标准和审美观，折射的是村民对城市生活的向往。这在强化城市文化主导性的同时，削弱了农村文化的自主性。虽然新式的建筑和装修风格在表面上更能彰显现代性和城市性，但这种符号价值实现的背后也是具有隐性成本的，即对水的依赖性。村民住房状况的差异在凸显社区内部贫富差距的同时，也意味着拥有稳定水源的富裕户将用更多的水，强化了村民之间日常生活用水量的分化。

消费是维持经济增长的重要机制（卢风，2002）。2008年以后，在国际金融危机的影响下，扩大内需尤其是通过刺激农村地区的消费来拉动经济增长成为中国经济发展的重要战略方针。在政府的主导和推动下，针对农村市场的家电下乡政策开始在全国推广。关于家电补贴的横幅和墙体广告在农村市集以及交通要道两旁随处可见，各种吸引眼球的广告语层出不穷。在宋村，最为常见的是关于太阳能热水器的广告。目前，宋村所在的乡镇市集上共有五家太阳能热水器专卖店。为了吸引顾客，每个专卖店都会在门口摆放太阳能热水器的样品，并在门匾上用大号字体介绍补贴比率。市集上随处可见太阳能热水器的墙体广告，同样的广告也出现在宋村。此外，笔者曾数次在村庄多处不同的电线杆上看到同一个太阳能热水器品牌的广告："四季沐歌太阳能，今年陪嫁最流行。"为促进村民购买太阳能热水器，商家不断地打亲情牌，选用了与村民生活更为贴切的广告语，以及图片、样品等更为直观的展示方式，将其渗透到村民的日常意识和生活中。在太阳能热水器和陪

嫁之间建立联系，旨在赋予前者更多"时尚""有面子"等
符号价值，试图影响和引导村民的消费。据村民回忆，
2008 年以前村里没有人装太阳能，当时"还不流行"，"就
这几年盖房，差不多家家都有，原先都没有"。太阳能热水
器采用的是全自动系统，对水源的稳定性有很高的要求，
"必须得有井，没水用不了"。尽管太阳能热水器享受政府
补贴，但仍存在消费门槛，受制于村民的收入水平。并不
是所有的村民都有稳定的水源和足够的支付能力。一套太
阳能热水器的价格平均在三千块钱左右，价格因大小而异，
"二十几个管和十五六个管，粗细也不一样，价钱也不同。
管越多，价钱越高"。但在消费主义的裹挟下，有支付能力
的人在追求流行、时尚和享受的过程中也在购买和使用更
多的耗水产品（如冲水马桶），对水的需求量和使用量也随
之增加，同时挤压着无稳定水源村民的水获取空间，并强
化着村民之间既有的水分化。

本章小结

本章以村庄生活用水界面水获取社会组织方式的变迁
为切入点，对村民应对水短缺合作传统的式微和村庄水分
化的形成与强化进行了考察。农村市场化改革初期，由于
公共投入供给不足，村民为应对饮用水短缺问题选择了自
发合作。在村庄的合作文化中，水短缺是群体性短缺，水
分配秩序遵循的是公平原则。村民之间的自发合作在村庄

的水分配中扮演着社区安全阀的作用，村民拥有同等的水获取权。集中供水项目在村庄的实施虽然填补了饮用水公共供给主体的缺位，但也强化了村干部对水供应的控制权以及集中供水系统对选铁厂的经济依附。在选铁厂带来的河水污染和水位下降的影响下，村民的生活用水空间也受到了挤压。之前河水能够满足的洗衣用水需求被转移到了户内，并强化了村民对井水的依赖。过去村庄用水有内部合作机制作为安全阀，但在市场化过程中，社区内部的安全阀被削弱，导致村民用水出现了分化。选铁厂带来的水位下降和水污染以及公共井的供水不足，促使很多村民开始自发挖井以寻求水获取的自主性空间。水井在为所有者提供水获取权的同时，也意味着经济成本的投入。尽管村民都有水需求，但并不是所有村民都具备水井投资能力。水井的现金投入门槛将村民分为有井户和无井户，即有稳定水源的村民和无稳定水源的村民。私有水井的出现标志着村民之间水控制和水获取能力的分化，也催生了村庄的水分化。除经济分化的因素外，社区文化层面的个体化、钻井和抽水技术的排斥性以及水获取的商品化也在弱化村庄的群体性合作，并推动着村庄的水分化。消费主义在村庄的兴起使得有经济条件且有稳定水源的村民的用水量不断增加，挤压着无稳定水源村民的水获取空间，进一步强化了村庄的水分化。

第四章

水短缺叙事反思：
被遮蔽的水分配政治

埃斯科瓦尔（2011：20）指出，"叙事是历史的记载，其中交织着事实和虚构的成分"。在关于水分配问题的探讨和表述中，水短缺往往作为不受质疑的前提和主导话语而出现。从第二章和第三章的分析和讨论中可以发现，水短缺并不必然意味着自然性短缺。位于山区的宋村虽然被认为属于自然性水短缺地区，但是在宋村生产和生活用水界面的水分配中，不同主体的水短缺体验是存在差异的。从认知层面来看，对水短缺的不同表征也意味着不同水分配理念的选择。本部分基于对水短缺主要叙事的梳理，旨在探讨主流水短缺叙事背后所遮蔽的水分配政治。

第一节　水短缺的认知分类

水短缺概念在不同视角和衡量标准下被赋予了不同的

含义，其外延也处在不断扩展之中。目前学界关于水短缺的认知主要分为三类：自然性水短缺、经济性水短缺和建构性水短缺。

自然性水短缺认知通常化身为马尔萨斯命题，在放大人类水需求和供给缺口、制造水危机景象的同时，将水短缺归因于自然界可利用水资源的有限性。在这类叙事中，关于自然性水短缺的表征多是静态化和规约性的，借平均化数字和经济性指标为表述工具，在封闭性的话语空间中建构事实的客观性，营造的是不容置疑的话语效果（Lof-tus，2009）。如较常见的由 Falkenmark 提出的水资源压力指标，其以可更新水资源总量与人口数量比值得出的人均水资源量为水短缺的衡量标准，评定人均水资源量低于 1000 立方米的国家和地区就属于水资源短缺地区（Rijsberman，2006）。这类衡量标准经常出现在政策话语中，并成为政策决策者制定政策时的依据和出发点。尽管如此，这类水短缺认知招致很多学者的批判。以贾绍凤等（2002）为代表的学者认为，平均化的衡量指数具有片面性，忽略了对水短缺时空差异性和水需求差异性的考量，并且人均水资源量并不意味着水资源的可获取量。Savenijie（2000）也认为，水短缺的数字性衡量指标因忽略水短缺背后的现实复杂性而具有"欺骗性"。在 Mehta（2000）看来，这种自然性水短缺遮蔽的是水短缺背后不平等的水获取权和控制权。总的来看，自然性水短缺表征的是一种去政治化的水短缺，水短缺所嵌入的社会性是被剥离的，不足以解释生活在水资源丰富地区个体或群体所遭遇的水获取短缺。

相对于自然性水短缺认知中对水短缺所嵌入的社会性的抽离，经济性水短缺认知增加了从社会经济因素层面对水短缺的考量，认为自然界的水资源足以满足人类需求，导致水短缺的原因是用于水获取的技术和经济投资能力的短缺。这类认知更多的是从技术角度衡量水短缺，在很多政策和发展干预项目话语中体现为一种简化逻辑，即将水短缺问题化约为技术问题。技术虽然能够在增加水供给量的基础上缓解水短缺，但作为社会建构的产物，技术也影响着水资源的分配。总的来看，经济性水短缺认知虽然能够为应对水短缺的技术性手段提供合法性，但也遮蔽了水短缺背后的水分配问题以及水控制权和获取权的差异。

建构性水短缺认知更为侧重从话语和权力的关系角度，结合话语层面表征及实践层面的现实双向考察水短缺，认为水短缺是一种被权力所建构的话语并用以满足和遮蔽权力的目的和需求。在福柯（2010）看来，话语是权力的产物，权力靠话语来运作和强化。将水短缺视为一种话语并非否定资源性水短缺的存在，但有助于理解和揭示被单一主导话语所压制的内容。Mehta（2001）也曾指出，水短缺的自然化在话语层面的生产与强化容易遮蔽制造水短缺的社会原因，被建构的自然性水短缺并不一定会生成有效的解决方案，真正的水需求也有可能被边缘化。结合水短缺话语和实践层面上的水分配过程，有助于揭示水短缺话语背后的权力运作机制以及权力的真实意图。

在主流话语中，中国属于水资源严重短缺的国家。国内很多关于水短缺的探讨以自然性水短缺为出发点。如何应对水短缺虽然经历了从开源到管理的范式转变，但水利工程和市场分别作为两大范式下的主流话语仍在形塑和影响着实际的水分配格局，如跨流域调水工程的实施以及对水资源市场化和商品化的呼吁。本章第二部分和第三部分将对水短缺的"技术说"和"商品说"进行分析和探讨，旨在揭示主流话语背后被遮蔽的水分配政治。

第二节 水短缺的"技术说"：
去政治化的调水工程

长期以来，水利工程被视为解决水短缺以及合理配置水资源的重要之道。表面上看，技术工程是中性的，能够通过"开源"增加水资源的供应量来解决水短缺问题。但值得反思的是，技术开源开的是"谁"的源，满足的又是"谁"的水短缺需求。由于水资源的有限性，部分群体水资源使用量的增加意味着其他群体水资源可获取量的减少，水利工程对水资源的重新配置实质也是对水权的重新定义和分配。然而，在主流叙事中，水短缺叙事不仅为水利工程提供了合法性，而且成为不受质疑的前提和出发点，但水利工程带来的水资源的重新分配问题却很少被提及。本部分试图以国内最大的调水工程——南水北调工程为例，揭示其背后被遮蔽的水分配问题及其逻辑。

一　南水北调工程介绍

据俞澄生（2000）和朱柳笛[①]的研究介绍，南水北调的最初设想出现于 20 世纪 50 年代，由毛泽东提出，意指从长江流域向北方淮河、黄河和海河流域调水的水利工程，主要用于解决北方黄淮海流域的水资源短缺问题。作为世界上最大的调水工程，南水北调工程总体呈现的是"四横三纵、南北调配、东西互济"的布局。四横指调水涉及的四大流域，三纵指由西向东分别从长江上、中、下游调水的三条路线，即西线、中线和东线。西线主要是将长江上游支流水引入黄河，增加黄河上游水量；中线主要依托长江支流汉江上游的丹江口水库，必要时从长江干流引水至丹江口水库，利用地势差将水库水通过输水渠引到华北；东线在江苏扬州附近把长江水抽进京杭运河后提水北送。据国务院南水北调工程建设委员会办公室关于中国南水北调工程的介绍[②]，南水北调工程规划的最终调水规模为 448 亿立方米，东、中、西线的调水量分别为 148 亿立方米、130 亿立方米和 170 亿立方米。各线工程分期实施，总工程的完成需 40~50 年。目前，除西线外，东线和中线已分别于

[①] 《南水北调 4 亿人吃水不再难　南方清流将直达北京》，《新京报》2012年 10 月 8 日，http://www.envir.gov.cn/info/2012/10/108473.htm，最后访问日期：2012 年 10 月 12 日。

[②] 《中国南水北调》，国务院南水北调工程建设委员会办公室，http://www.nsbd.gov.cn/zx/gczs/200603/t20060302_188126.html。

2002 年和 2003 年开工。东线山东段已通水成功①，中线已于 2014 年 10 月供水。

　　不难发现，南水北调的工程设计存在两个预设前提：一是北方"缺水"，二是南方水"充沛"。北方的水资源短缺和南方的水资源丰富表征，不仅为南水北调工程提供了合法性，而且被视为不受质疑的事实。在主流叙事中，经常可以听到这样的话语，北方的缺水问题日趋严重，属于"资源性缺水，黄淮海流域仅靠当地水资源已不能支撑起经济社会的可持续发展"②，"缺水地区要开源，必须调水，以缓解日益严重的华北水资源危机"；而"长江水资源丰富且较稳定，长江的入海水量约占天然径流量的 94% 以上"，"滔滔长江每年将一万亿立方米水东进大海"，"付之东流殊为可惜"（俞澄生，2000；谈英武③，2009；钟水映，2004）。然而，据《吕氏春秋》的描述，"河出孟津，大溢逆流"，中国北方在历史上并不缺水。北方当前的水短缺并非纯粹的资源性水短缺，更多的是人类活动干预的结果④。在南水北

①　《南水北调东线山东段工程全线试通水成功》，《网易财经》2013 年 6 月 27 日，http://money.163.com/13/0627/21/92DFT7NN00254TI5.html，最后访问日期：2013 年 6 月 29 日。

②　《中国南水北调》，国务院南水北调工程建设委员会办公室，http://www.nsbd.gov.cn/zx/gczs/201002/t20100204_188130.html。

③　谈英武：《南水北调工程从长江调水的可行性分析》，水信息网，2009 年 9 月 8 日，http://www.hwcc.gov.cn/pub/hwcc/wwgj/bgqy/jjqk/200908/t20090810_214992.html，最后访问日期：2013 年 9 月 2 日。

④　《"南水北调"的文献记录》，中国台湾网，2013 年 10 月 30 日，http://www.taiwan.cn/tsh/shp/201310/t20131030_5124166.htm，最后访问日期：2013 年 11 月 5 日。

调的论证中，缺水仅被作为工程立项的一个事实起点，北方为何会缺水却很少被提及。此外，北方缺水的主体在主流叙事中也是被同质化的，似乎北方所有需水主体都在遭遇同等的水短缺。事实上，北方的需水主体和水短缺体验都是差异化的。以北京市为例，虽然北京目前年均用水缺口达 15 亿立方米，但从实际用水情况来看，并未出现水紧张①。据陈文科（2013）的研究，甚至在地下水过度开采且是南水北调重点对象的北京和河北地区，高耗水的高尔夫球场数量却在不断增加，分别达到 60 多家和 100 多家。2010 年，北京高尔夫球场用水量约为 4000 万立方米，相当于一个百万人口中等城市的全年生活用水量。由于"谁的水短缺"的问题关系到实际的水分配问题，因此有必要绕过北方自然性水短缺的表征画面，来进一步考察南水北调工程满足的究竟是谁的水短缺以及被边缘化的用水主体。

二　北方：谁的水短缺？

从供水对象来看，黄淮海流域是南水北调工程的主要受水区，东、中、西三条供水线主要供给华北平原东部、华北平原中西部以及黄河中上游各省区市（俞澄生，2000）。尽管南水北调工程是为了解决"北方"的缺水问题，但从

①　《北京比沙漠还缺水》，腾讯网，2013 年 9 月 2 日，http://weather. news. qq. com/a/20130902/009789. htm，最后访问日期：2013 年 10 月 11 日。

用水主体来看，"北方"只是一个抽象词语，城市才是南水北调工程最大的受益者，而农村和农业的水需求是被边缘化的。就调水线来看，"中线工程主要向河南、河北、天津、北京四省市沿线的 20 余座城市供水"，"东线山东段工程主要是为解决调水线路沿线和胶东地区的城市及工业用水"①。据国务院南水北调工程建设委员会办公室介绍，将供水对象确定为城市主要有三个原因："一是城市人口相对集中，耗水量和缺水量大；二是城市经济、社会发展较快，受水资源制约严重；三是城市中企业、居民具有一定的水价支付能力，有利于贷款的偿还。"相对于城市的水需求，农村的水需求是被放于次要位置上的。于静洁和吴凯（2009）也曾指出，南水北调工程可能会改善华北地区的农业用水环境，但不可能增加农业供水量。尽管在供水分配上，官方话语有"在保证城市发展需水量的同时，可逐步置换被挤占的农业及生态用水"的表述，但是毋庸置疑的是城市拥有优先用水权。再从伦理层面来看，将城市列为主要受水区折射的是实用主义价值观。根据实用主义原则，效益最大化的行为是最好的行为。由于农业用水效益较低，因此农业在用水上不仅被问题化，而且被贴上了"低效""浪费"的标签，同时也催生了关于如何使农业节水的讨论。这里值得思考的另一个问题是，农业节水是为了城市

① 《南水北调东线提前至明年三季度全线通水》，《河北经济日报》2012 年 11 月 20 日，http://news. 10jqka. com. cn/20121120/c531001767. shtml，最后访问日期：2012 年 12 月 2 日。

还是为了保护生态环境。

事实上，在南水北调工程实施之前，水资源短缺的北方内部就已经出现城乡之间以及工业和农业之间用水不平等的现象，农业水权不断被削减并让位于城市和工业用水。据《中国水资源公报》①，自1997年以来，在全国总用水量不断上升的情况下，生活和工业用水的比例逐渐增加，而农业用水的比例减少。就水资源分配来看，曾国熙等（2003）的研究指出，黄淮海流域内工业供水保障率要高于农业，工业在干旱缺水年份享有优先用水权。以北京市为例，李鹤（2007）和黄晶等（2009）的研究也指出，受来自工业、生活和生态用水的压力，北京的农业用水量近二十年来成为被大力压缩的对象，之前用于农业灌溉的官厅水库和密云水库也转为北京市饮用水水源，农村在水资源管理中的参与权是缺失的。王学渊等（2007）称农业用水向非农用途转移的现象为水资源"农转非"，并就此现象对农村发展的影响进行了探讨。基于对河北省村庄的案例研究，他们认为水资源"农转非"不仅侵犯了农民的水权，而且给当地村民的生产、生活方式及生存环境带来了影响，在导致当地农作物种植结构单一化的同时，加重了当地村民的非农就业压力，并破坏了村庄的生态环境。总的来看，南水北调工程实质是以北方的水短缺名义满足北方内部城市和工业的用水需求。"农业节水说"实际上也在挤压农业

①　中华人民共和国水利部网站，http://www.mwr.gov.cn/zwzc/hygb/szygb/。

用水空间，以满足城市和工业的用水需求。尽管在衡量北方缺水状况时，很多农村生产和生活用水不安全的人口也被列入了水短缺群体，但在实际的水分配中，他们的水需求是被忽略的。

三 南方：被建构的水充沛

关于南水北调的另一个预设是，长江流域的水量是"丰沛"和"稳定"的。我们经常能听到这样的话语，"长江入海水量占径流量的94%以上"[①]，如果不加以利用就会"白白流入大海"，甚为"可惜"，"滚滚长江向东流，流的都是煤和油"[②]。但在钟水映（2004）看来，仅从入海的水量来判断这一流域是否拥有富足的水资源可供调剂其实是一种"虚假判断"。一方面，看似"白流"的水资源不仅是维持流域生态基流所必需的，而且承载着流域内部的各种生计活动；另一方面，虽然长江流域在水资源量上看似丰富，但由于水资源具有时空分布不均性和季节变化性，所以水量的丰富性并非常态而是具有时间阶段性。郭海晋等（2008）指出，"长江降水量和河川径流量的60%到80%集中在汛期，长江流域水资源量的年际变化也较大，经常会

---

① 《从长江调水到京津南水北调调的不仅是水》，新华网，2006年7月3日，http://www.stnn.cc/china/200607/t20060703_269316.html，最后访问日期：2012年10月9日。

② 《三峡工程蓄水175米的"经济账"》，新华网，2010年10月26日，http://news.xinhuanet.com/fortune/2010-10/26/c_12704077.htm?finance，最后访问日期：2012年11月4日。

出现连续丰水和枯水年的情况"。此外，从水质来看，长江流域由工业排污导致的水污染挤压着流域内水资源的可利用量，引发了不同程度的缺水状况，并催生了"守在江边无水喝"的说法。据长江水利委员会编制的《长江流域节水现状调查分析报告》，"长江流域的167个城市中，有59个城市不同程度缺水，其中26座城市属严重缺水"[①]。总的来看，长江流域的水资源量并非主流叙事中所描绘的那样充沛，被调出的水实际上也在影响着南方的水资源利用状况。杜耘等（2001）的研究发现，南水北调的中线调水工程对下游的航运、水质、农业灌溉、工业生产及城市发展等都带来了不同程度的负面影响。陈文科（2013）也指出，湖北省虽然被称为千湖之省，但水资源空间布局存在南北差异，南水北调的中线工程，实际是从湖北省内最为缺水的西北部调水给北方城市，这对汉江中下游地区的水文生态系统平衡是个巨大的挑战。

关于长江水"富余"的表征，实际是简化视角下有选择性的成像，并不能代表长江流域水资源的真实状况。其在为调水工程提供合法性的同时，不仅忽略了河水的季节变化性、流域内依赖于河水的生计方式以及原有的用水主体，而且遮蔽了流域内部的缺水现象以及区域间水权转移对调水区造成的影响。从法律多元化视角来看，长江水之

---

① 《长江水委：流域内3成多城市缺水制约可持续发展》，新华网，2006年8月4日，http://news.xinhuanet.com/politics/2006-08/04/content_4919706.htm，最后访问日期：2012年11月6日。

所以"富余"，也是国家正式法框架对习惯法"忽视"的结果。中国《水法》规定，境内的水资源都属于国有。在正式法框架下，除家庭生活等少量取水外，河流水资源的取用需要申请用水许可证。而在国家的调水视野中，可见的只有具有用水许可证的正式水权，未被纳入正式法框架的地方性非正式水权是被弱化和边缘化的（Franco 等，2013）。在黄钟（2007）看来，南水北调工程的决策过程也是一个政治过程，关系着调水区、受水区以及沿线地区的利益分配。就调水区而言，其决策权是缺失的，被转移水资源的主体非但没有获得补偿，还需内化并承担水权转移带来的代价，以满足北方城市的水短缺需求。由于长江流域内部同样面临着不同程度的水短缺，因此南水北调工程实质上强化着调水区内部以及调水区和受水区之间的水张力。就水资源污染的流动性和扩散性特点来看，南水北调工程通过衔接南北不同的区域性流域，放大着风险的关联性。

四　调水背后水分配的发展主义逻辑

从上述两部分可以看出，北方的水短缺只是局部少数主体的水短缺而非纯粹的自然性水短缺，南方的水充沛表征也只是一种被建构的幻象。北方水短缺和南方水富足的图景是媒体和官方话语建构的产物，实质上为调水工程的合法性服务。南水北调工程凸显的是水供应量的增加，但遮蔽的是水权重组过程中的区域间、区域内部的利益分割以及水获取和控制的不平等问题。总的来看，南水北调工程并不是中性的，作为价值的载体，其所嵌入的水资源分配过程折射着国家政权支配下以经济增长为中心，偏向城市和工业的发展主义①逻辑。

在发展主义意识形态的指导下，经济效益最大化成为支配水分配的主要运作原则。为合理分配有限的水资源，需要提高"未被利用"的水资源的利用率，减少经济效益低的用水量并将转移出来的水用于经济效益更高的区域和部门。在主流节水叙事中，农业用水因为用水效益低不仅被问题化而且成为改造的对象。但在 Boelens 和 Vos（2012）看来，用于衡量用水行为高效与否的经济效益原则是值得反思的。效益是一个相对概念，对于不同的用水主体来说，因用水目的以及利益和价值观不同，其对效益的理解也不同，应从用水主体的角度去评判水资源的使用效益。将经济效益视为衡量所有用水行为的单一标准本身就是一种简化逻辑，也是对用水主体的同质化，抹除的是不同用水主体之间价值观的差异性，容易导致水权的掠夺和不公平转移。

以城市为主要供应对象的南水北调工程，实际是对以城市和工业为中心的用水结构的延续。在城乡之间既有的用水不平等关系被强化的同时，农村和农业在新的水分配格局中被进一步边缘化。在钟水映（2004）看来，"调水只

---

① 这里的发展主义指涉的是一种现代性话语和意识形态。在其支配下，经济增长是发展的主要目标，工业化、城市化是实现发展的主要途径（参见叶敬忠、孟英华，2012）。

是杯水车薪，调水越多，缺水越厉害"。陈文科（2013）也认为，南水北调工程只能在短期内缓解水资源短缺引发的各种矛盾，不可能从根本上解决北方地区缺水问题。作为加剧北方水危机的工业化和城镇化因素应该得到应有的重视。以全国大耗水、高耗能、产业重化工布局的重点地区京津冀为例，虽然三地都在进行产业结构调整和升级，但大耗水、高耗能工业在产业格局中仍占据着大比重。在北京，石油加工、炼焦、化工和钢铁仍然是传统工业支柱。就天津而言，大耗水产业虽然增速减缓，但支柱地位不可动摇。此外，南水北调工程以城市为中心的供水理念也影响着调水渠道的设计，并从硬件设施上建立了水分配的空间边界，对农村用水产生了排斥性。

笔者曾于 2012 年参与一项针对河北省农村灌溉水资源管理状况的调研活动，在 YS 县 Y 村看到有南水北调的水渠经过村庄，原以为能够增加当地灌区断水后的水供应，但村民介绍说，路过村庄的水渠在当地并没有放水口，虽然水从眼前流过，但村民无法使用，还要为工程提供土地。鉴于南水北调工程的成本和效益分配，贾绍凤（2003）指出，南水北调工程具有劫贫济富的性质并且加剧了城乡的不平等。南水北调工程是众多跨区域调水工程的一个缩影。为保障水源地水质以及水库等水利工程的修建而不得不搬迁的移民所承担的社会代价，也是值得关注和反思的重要议题。吴思敏（2011）针对广东河源市为卖水给深圳、香港等发达城市而修建水库和保护库区水质所导致移民的生存状况进行了考察，基于对徐洞和下林村两个移民安置点的调研发现，"没有地、没有水"成为部分水库移民搬迁后生存境遇的真实写照，在当地政府从调水交易中获取经济收益的背后，处于生活困境中的水库移民是被遗忘的群体，在重组的水分配格局中不仅被边缘化，而且承担着城市发展的代价。

第三节　水短缺的"商品说"：
水资源商品化的反思

水资源商品化是应对水资源短缺的另一类主流叙事。作为一种话语秩序，关于水资源商品化的表征形塑着理解水短缺的思维方式。这类叙事大多从水资源的自然稀缺性出发，认为水资源商品化可以实现水资源的高效利用。较具代表性的观点有："水资源的商品化通过充分发挥价格等一系列经济利益调节及制衡机制的作用，能节制社会中的不良用水行为，是缓解水资源稀缺与严重短缺沉重压力刻不容缓的应对举措"（转自张瑞恒等，2001）；"要解决水短缺带来的供需矛盾，除了继续开发利用水资源外，还要利用市场机制，赋予水以商品的属性，令其走向市场，通过价格杠杆推进节水，实现水资源的优化配置"（转自李创、张金顺，2002）。在新自由主义信条下，水资源商品化不仅被视为应对水短缺问题的药方，有关水短缺的叙事也在为将水资源商品化提供合法性。本部分将基于对水资源商品化争论的梳理，以瓶装水为例，揭示水资源商品化的实质及其运行机制，并在政治经济学分析的基础上对水资源商品化进行哲学伦理反思。

一 水资源商品化的争论与叙事

水资源①商品化的观念并非从来就有。以往水资源被视为"理所当然的公共物品"。在新自由主义主导的经济全球化背景下，以 1992 年在都柏林召开的国际水资源会议为转折点，水资源首次被定义为商品。会议形成的《都柏林原则》提出，"水的各项用途都具备经济价值，因此必须被作为一种经济商品来对待"，"以往对水的经济价值的忽视，导致资源利用的浪费以及对生态的破坏。将水资源作为经济商品进行管理，是实现有效合理利用、促进水资源储存与保护的重要途径"（转自多布娜，2011：83，85）。此后，在一系列国际机构和国际会议的强调和延续下，水资源的"商品属性"开始进入公众的视野，水资源是否应该商品化的问题也逐渐成为社会争论的焦点。对水资源属性的认识不同，对水资源商品化的态度也不同，主要有三种不同态度：支持派、反对派和中间派。支持派认为水资源是一种需求，应该由市场来满足需求，水资源商品化、市场化可提高水资源利用效率，缓解水资源供需矛盾（余映雪，2006）。反对派认为水是全人类的公共财产，不归任何个人

---

① 这里的水资源主要指饮用水而非农业灌溉用水。

所有，水资源商品化无法保证公众平等的用水权（巴洛等，2008）。第三种观点是前两种观点的折中，认为水资源具有私人物品和公共物品的双重属性，作为私人物品的水可以商品化，作为公共物品的水应该在政府管控下进入市场（李创、张金顺，2002）。

除前文介绍的水资源短缺叙事，政府在公共资源配置中的低效叙事也赋予水资源商品化以合法性。在新自由主义话语体系中，政府被表征为"无效率"，应该让位于"高效"的市场。这类叙事通常和市场自由化改革捆绑在一起。"政府指令下的行政配置模式不可能使水资源得到合理分配和有效利用，既缺乏效率，又不公平；在水资源日益稀缺、市场转型的新形势下，必须加以改革。"（转自胡鞍钢等，2000）"政府提供水服务的投资成本远超过政府得到的利益，不仅扭曲了水价而且给政府带来了赤字，影响了经济的发展；市场机制可通过价格信号，将水资源分配到最有价值的用途。"（转自张哲，2010）随着中国市场化改革的推进，不仅市场的作用被不断强化，而且市场逐渐成为合理合法、社会进步的代名词（周立，2010）。在市场主义的信仰下，有观点认为，"水资源必须作为商品，才符合市场经济的规则，并能得到真正的有效配置，形成应有的经济社会效益"（转自张瑞恒等，2001）。

水资源商品化和新自由主义是一枚硬币的两面，表面凸显的是水短缺和水危机的严重性，而背面是在以自由的名义促使政府减少对市场的干预。关于水资源商品化的争论和叙事虽然出发点和观点都不同，但围绕的都是水资源应怎样商品化的问题，未能跳出水资源商品化的概念框架，遮蔽了水资源能否属于商品的本质问题以及水资源商品化究竟是为了应对水资源短缺还是为了获利的问题。

二　水资源商品化的实质：应对短缺还是获利？

水资源是大自然给人类的馈赠，其本质上并不是商品。波兰尼（2007）在《大转型》中对商品和虚拟商品的区分，以及对劳动力、土地和货币三种虚拟商品的阐述，为认识水资源商品化的本质提供了一个批判性视角。在波兰尼（2007）看来，商品是"为了在市场上销售而生产出来的物品"，水资源"非人类的创造，其存在并不是为了出售，其商品形象完全是虚构的"，水是一种虚拟商品。但"正是在这种虚构的帮助下，关于水资源的实际市场才得以组织起来"。可见，"商品"只是市场机制扩张所借用的一个概念。针对可以在市场上进行交易的虚构商品，波兰尼（2007）曾提出警告，"如果允许市场机制成为人的命运、人的自然环境，乃至他的购买力的数量和用途的唯一主宰，那么它就会导致社会的毁灭"（波兰尼，2007：63）。水资源的有限性和不可替代性，也决定了它不可能从属于市场的供需原则以适应不断增长的市场需求（巴洛、克拉克，2008）。

然而，借助于商品的框构，水资源的自然稀缺性被不断放大，水短缺被抽离为一种自然现象，被过滤掉的是制造水短缺的社会结构因素。但在巴洛、克拉克（2008）看来，水危机不仅仅是个生态问题，更是一个彻头彻尾的经济和政治问题。Mehta（2011）基于在印度村庄的实地调研，针对村民认知中的水短缺，搜集了当地历年的降雨数据，经统计发现自然降雨率并没有发生很大的变化。这种对比有力地质疑了水短缺只是一种自然现象的说法。作者认为水短缺具有社会性，村庄社区内部处于不同社会、政治、经济地位的村民对水短缺的认知、体验和应对能力也不同。在 Trottier（2008）看来，作为很多政策和讨论的出发点以及不受质疑的前提，"水危机"已经成为一种霸权话语。对"水危机"进行定义的过程其实是一个政治过程，针对水危机所提出的应对策略也具有丰富的政治含义。

在不同的社会文化背景下，水资源具有丰富的象征、文化和宗教含义。仅从经济属性认知水资源，并将水资源定义为商品，实际上是一种迎合资本营利需要的话语机制。然而，在自由市场等主流话语不断强化的过程中，水资源还是被裹上了商品的外衣，化为资本竞相逐利的"蓝金"（巴洛、克拉克，2008）。与此同时，水资源的公共物品属性以及政府提供水资源的合法性被随之消解，市场被确立为新的水资源供应的责任主体。随着政府逐渐退出公共物品供应，保护公共物品的公共性樊篱开始被打破，并为资本的进入提供了一道切口。水短缺和水危机叙事只是在为水资源商品化建构合理性前提。水资源商品化的本意并不在于应对水资源短缺，后者反而会成为资本扩张的媒介，因为资本在水危机和短缺中看到的更多是市场机会和营利手段。

以瓶装水为例，随着各种打着"纯净""天然"旗号的瓶装水开始充斥人们生活的各个角落，并成为人们习以为常的存在，很少有人怀疑瓶装水出现的原因。然而，也正是在这一过程中，水资源悄悄进行着从自然资源到商品的变身。虽然"水是被全球市场化最后征服的资源之一"，但这并未妨碍水市场的迅猛发展（多布娜，2011）。20世纪70年代，全球瓶装水总产量每年约为10亿升，2000年达到840亿升，其中四分之一被出口到海外。目前全球的瓶装水市场被少数跨国公司主导，如雀巢、达能、可口可乐以及百事可乐（巴洛、克拉克，2008）。中国的瓶装水行业兴起于20世纪80年代，大举出现于90年代。到1999年，全国涉足瓶装水生产的公司已近1000家，是全球总数的一半[①]。2011年，中国瓶装水的产量约达4455万吨，是1999年年产量的10倍[②]。

就价格而言，一吨自来水仅需4元，但每吨瓶装水最少要花3000元，瓶装水的价格约是自来水的750倍[③]。然

[①] 《我国瓶装水市场调查分析报告》，中国食品科技网，2002年9月27日，http://www.tech-food.com/news/2002-9-27/n0010083.htm，最后访问日期：2012年11月27日。

[②] 《2011年1-11月中国瓶装水产量统计分析》，中商情报网，2011年12月15日，http://www.askci.com/news/201112/15/91323_03.shtml，最后访问日期：2012年1月15日。

[③] 《滚滚污水，我们怎么活？》，搜狐新闻，2013年2月21日，http://news.sohu.com/s2013/shuiwuran/index.shtml，最后访问日期：2013年3月21日。

而，作为世界第三大瓶装水消费国，中国的瓶装水消费量每年仍在以 20% 的速度增长①。瓶装水为何会出现并能如此大获众心？饮用纯净水水质标准起草人、水利部专家王占生说："瓶装水存在的原因是自来水不能满足消费者的生活需要。"针对这种说法，中国矿泉水技术专家杜钟认为，"这是一个误解，但只要有一天，我们对水源的安全仍然担忧，这个误解就会一直存在"（转引自朱文轶、陈超，2007：67）。改革开放以后，中国加速了以城市化和工业化为中心的现代化进程。但随着工业的快速发展，环境污染日趋严重。"早在 2006 年，中国的水环境就已严重恶化，城镇水源主要污染物已由微生物污染，转为溶解性的有机污染和重金属离子污染。"② 20 世纪 80 年代后期，工业废水排放引发的黄浦江水污染事件首次引起人们对自来水的怀疑。一些嗅觉敏感的商家迅速捕获了公众对自来水水质的担忧以及对安全健康用水的需求，并开始将自来水净化生产瓶装纯净水。瓶装水市场由此迅速膨胀，并加速了水资源的商品化进程（朱文轶、陈超，2007）。

目前，中国共有 4000 余家自来水厂，每天为 4 亿多县级以上城市居民供应 6000 万吨自来水。但据全国普查，饮

① 《2011 年 1－11 月中国瓶装水产量统计分析》，中商情报网，2011 年 12 月 15 日，http://www.askci.com/news/201112/15/91323_03.shtml，最后访问日期：2012 年 1 月 15 日。

② 《北京"最会喝水"的家庭：20 年前就不再喝自来水》，凤凰网，2013 年 2 月 6 日，http://news.ifeng.com/society/shnjd/detail_2013_02/06/22015797_0.shtml，最后访问日期：2013 年 2 月 8 日。

用水的实际合格率只有 50%①。2013 年新年伊始，一对长期研究饮用水、自称已经有 20 年不喝自来水的夫妇掀起了舆论高潮。他们不仅被称为"北京最会喝水的家庭"，而且进一步引发了公众对自来水安全性的质疑②。也正是在一阵阵自来水风波的冲击中，"27 层净化""原生态""远古""天然""纯净"等符号话语开始进入公众视野。各种品牌的瓶装水，如冰川水、雪融水，经过对自然的包装开始在水市场上层出不穷，有些品牌甚至打出了"不使用城市自来水"的承诺。在放大自来水和瓶装水水质差异的同时，瓶装水生产商利用各种宣传策略"以健康的名义鼓励消费者多喝水"（Opel，1999；关飞，2010）。尽管很多瓶装水自我标榜为"纯天然"，但实际和自来水用着同样的水源。目前，中国市场上约有 60% 的瓶装水属于瓶装自来水③。公共自来水在瓶装水生产商的宣传话语下走向了商品化。通过各种模态的符号话语，资本巧妙地借助人们对自来水的信任危机，将自己为完成积累的意志转化为人们对水安全和健康、纯净的追求，通过植入符号价值实现了对水资源的商品化，同时也实现了对人的控制（王欢，2009）。

---

① 宫靖、刘虹桥：《自来水的真相》，财新网，http://topics.caixin.com/water/，最后访问日期：2012 年 11 月 2 日。

② 《北京"最会喝水"的家庭：20 年前就不再喝自来水》，凤凰网，2013 年 2 月 6 日，http://news.ifeng.com/society/shnjd/detail_2013_02/06/22015797_0.shtml，最后访问日期：2013 年 2 月 8 日。

③ 张音：《国内六成瓶装水靠自来水过滤》，搜狐网，2012 年 9 月 3 日，http://roll.sohu.com/20120903/n352198227.shtml，最后访问日期：2012 年 9 月 13 日。

雀巢公司旗下毕雷瓶装水的前任董事长说过，"只需从地下把水取出，转手就可在市场上以高于葡萄酒、牛奶、原油的价格出售"，可见水市场潜在的高额利润空间。也正是在这种高利润的驱使下，"水猎户"开始在全球搜寻水源（巴洛、克拉克，2008：117）。这种将自然资源商品化和私有化以实现资本积累的过程被哈维（2016）称为"掠夺性积累"（accumulation by dispossession）。这也是水商品化背后的运行机制（Jaffee and Newman，2013）。

三 政府的退出与资本的挺进

在新自由主义的视野里，一切自然资源都可以商品化。"政府的干涉管理是无效率的，它限制了灵活性并且付出了较高的代价"，公共服务也应该私有化（张哲，2010）。新自由主义的基本信念就是要拆除贸易和资本流动的障碍，消除政府对经济生活组织的干预，倡导市场化以实现资本随意流动的自由（布洛克，2007）。但资本的扩张并不是独立进行的，其生存空间也需要政府来给予（佘江涛等，2001）。就水供应而言，政府主导的市场化改革也从制度上对水资源的商品化起了一定的推动作用。

传统上，水供应是一项由政府部门提供且不以营利为目的的公共服务，但在政府推进的市场化浪潮中，水供应走向了私有化。2002年，为提高市政公共行业的运行效率，中国政府颁布了《关于加快市政公用行业市场化进程的意见》。以此政策的出台为转折点，中国的城市水供应服务在

制度上获得了市场化许可和空间。但由于水供应具有自然
垄断性，在水供应从公共服务转向市场化的同时，之前的
国家垄断也很容易变成私人垄断，用于提高运行效率的市
场竞争机制是一个"美丽的谎言"。之所以强调效率，是为
公共事业私有化提供合理性。不容否认的是，水资源私有
化容易形成价格垄断，导致水价上涨，对穷人的水获取产
生排斥性，并削弱公众对供水的知情权和监督权。很多国
家在供水服务私有化后出现了水价上涨的情况。例如，英
国的供水服务私有化后，水费在 1989 年到 1995 年间上涨了
106%，私营水公司的利润在此期间增加了 692%；法国的
水价则上涨了 150%（巴洛等，2008：73）。中国水务于
2002 年进入市场化改革，自 2003 年开始向民营和外资企业
开放。在低风险、稳回报和高利润的吸引下，大量资本开
始角逐国内水务市场。外资凭借"技术优势"和"资金实
力"，成为国内水务投资的核心力量。很多城市的水务资产
相继被外资水务公司以巨额溢价收购，如兰州、海口、昆
明、天津（罗薇，2008）。全球化监察的报告显示，外资企
业在中国供水市场中的占有率已达 20%（吴思敏，2011）。
随着外资的进入，这些城市的水价也开始上涨，这也是水
供应市场化的直接性影响。以昆明为例，法国威立雅水务
集团于 2005 年进入昆明，昆明市的水价自 2006 年起开始上
调，到 2009 年的四年间水价涨幅高达 90%①。深圳市水务

---

① 禾苗：《水价集体上涨背后：外资巨头亏本高价收购水厂》，（转下页注）

市场化之后，水费立即上涨了 24%。中国内地城市的水价也在以每年 10% 的速度上涨[1]。外资进入和水价上涨之间的关系，也引发了很大的争论。尽管外资水务公司一再否认水价上涨与自己有关[2]，但毋庸置疑的是外资不惜斥巨金进入中国水务并非为了做慈善，营利——而非确保公众有水可用——才是它们的首要目的。据全球化监察于 2009 年的报告，私人资本经营下的水公司通常选择在大城市对有利可图的水务项目进行投资，拒绝承担成本高、收益低的供水服务。与此同时，收购中国水务的高成本通过水价转嫁给了公众。水价上涨不仅会加重公众的经济负担，还意味着供水网络的进入门槛变高，这将对处于经济弱势地位的穷人形成排斥。而水是生活必需品，"用不起水"极有可能成为穷人继"看不起病、上不起学、买不起房"后的另一种磨难（郭松民，2006）[3]。

（接上页注①）新浪财经，2009 年 7 月 29 日，http://finance. sina. com. cn/roll/20090729/02506540708. shtml，最后访问日期：2011 年 10 月 9 日。

[1] 《水权所有　反对水务私营化！》，全球化监察网站，2009 年 6 月 1 日，http://www. globalmon. org. hk/zh-hant/content/% E6% B0% B4% E6% AC% 8A% E6% 89% 91% E6% 9C% 89 - % E5% 8F% 8D% E5% B0% 8D% E6% B0% B4% E5% 8B% 99% E7% A7% 81% E7% 87% 9F% E5% 8C% 96% EF% BC% 81，最后访问日期：2012 年 12 月 2 日。

[2] 克伟：《水务巨头：水价上涨与外资无关　主动权在中国》，搜狐财经，2009 年 9 月 2 日，http://business. sohu. com/20090902/n266398691. shtml，最后访问日期：2011 年 10 月 3 日。

[3] 郭松民：《水价上涨将令穷人更加窘迫》，《江南时报》2006 年 8 月 8 日，第 2 版，http://paper. people. com. cn/jnsb/html/2006 - 08/08/content _9969772. htm，最后访问日期：2011 年 9 月 28 日。

此外，水资源私有化带来的责任主体的变更，还将影响公众对水供应的知情权和监督权。私营供水公司会以商业机密和知识产权为由隐瞒水质状况，导致供水服务对公众的责任降低。由于信息壁垒的存在，公众被置于被动境地，陷入无从选择的尴尬境地。全球三大水务集团之一的威立雅水务公司于 2007 年进入兰州，并成为兰州市唯一的供水单位。2014 年 4 月，兰州自来水出现了苯超标事件，随即引发了市民抢购瓶装水的热潮。有媒体记者试图进入威立雅水务公司的水处理工作区了解水加工过程，却遭到对方的拒绝①。环保部副部长也曾指出，兰州出现自来水苯含量超标事件的一个重要原因是政府对供水企业监管不力②。面对公众对自来水安全的质疑，威立雅水务公司却表示"监测出苯超标纯属偶然"③。尽管对于导致兰州自来水污染事件的原因存在很多争论，但是不容否认的事实是，自来水厂提供的水的水质是存在问题的。一位水务公司主管曾在 2000 年的世界水论坛大会上宣称，"只要自来水管里有水，公众就无权知道我们的具体运转方式"。在加拿大

---

① 《兰州威立雅水务公司拒绝记者进入水处理工作区》，人民网，2014 年 4 月 11 日，http://gs.people.com.cn/n/2014/0411/c183283 - 20979346.html，最后访问日期：2014 年 4 月 12 日。

② 《环保部：兰州自来水苯超标与监管不力有关》，搜狐新闻，2014 年 4 月 14 日，http://news.sohu.com/20140414/n398165959.shtml，最后访问日期：2014 年 5 月 12 日。

③ 《兰州威立雅水务集团：4 月监测出苯超标纯属偶然》，凤凰资讯网，2014 年 4 月 14 日，http://news.ifeng.com/a/20140414/40002418_0.shtml，最后访问日期：2014 年 4 月 18 日。

沃克顿，七人因饮用水受大肠杆菌污染身亡。事发后公众才被告之，负责检测饮用水的一家私营实验室发言人说，他们的测试结果受知识产权保护，只需要报告给他们的客户——当地的政府官员而非公众（巴洛、克拉克，2008：75）。

正是在政府的退出过程中，水资源才成功为资本所捕获，但承担资本盈利代价的不仅是自然，还有人类社会自身。水资源本是大自然对人类的馈赠，将水资源商品化的过程也是将价值植入自然、使自然资本化的过程。然而，伴随水资源商品化过程的不仅是私人资本对资源共有原则的摧毁，而且还有对地方水权甚至生态平衡造成的威胁。因为资本进入水市场就是为了实现积累和盈利。"在乌拉圭等拉丁美洲国家，外国瓶装水商买进大面积的土地，有时甚至买下整个水源系统，作为将来的储备。在很多情况下，他们抽光的不是所买土地的水源，而是整个地区的水源。"（巴洛、克拉克，2008：118）但"资本可以毫不费力地寻找另一个更加热情好客——不加抵抗、温驯柔和的环境"，而当地人却要应对缺水带来的生计和生存风险（鲍曼，2002：10）。资本的积累本性本身也决定了它与生俱来的反生态性，资本可以追求无限增长进行自我扩张，但是自然界无法进行自我扩张。这里存在的悖论是，资本的扩张和增殖不但依赖自然生态环境，而且会加速对自然的掠夺，对环境造成破坏。而生态危机一旦爆发，直接威胁到的是人类自身的生存。

从水资源分配来看，水资源商品化尤其是瓶装水的出现消解了水资源的自然分布界限，打破了传统的"一方水土养一方人"的说法。经济全球化使水资源在全球实现流动的同时，也使全球的水分配出现了新的格局，围绕水的社会关系也随之发生了变化，穷国和富国之间的既有差距与分化加大。据 Barlow（2001）的研究，"全球 12% 的人口在用着全球 85% 的水，而这 12% 的人口都非第三世界国家人口"。"在公有制下，群体的匮乏原本是人皆有份的匮乏，而在私有制下，资源紧缺则将人类划分为富人和穷人。私有权标志着一道根本的意识形态界限，它将平等的命运共同体划分为不平等的社会，划分为胜利者和失败者。"（多布娜，2011：157）水是人类生存所不可或缺的资源，将水资源商品化很容易导致水分化和水冲突的加剧。被视为商品的水资源进入市场后，只会流向那些有支付能力的人而非有水需求的人，穷人在由市场主导的水分配中将不断被边缘化。在缺乏公共保障的情况下，水商品化将会给穷人带来更大的经济压力，其生命健康权也将受到威胁。与此同时，既有的贫富差距在这种不平等的水分配中也会被进一步强化。

四　对水资源商品化的哲学伦理反思

水是万物之源。在前现代社会，水在很多文化中被视为具有灵性和神圣生命的物质，关于水神的传说不胜枚举。尽管在不同文化背景下，水的表征样态存在很大差异，但折射着同样的自然观：人是自然的一部分，自然的神圣性是不可侵犯的，人必须对自然投以敬畏并与之和谐相处（王铭霞，2001）。然而，随着现代启蒙主义及理性主义的兴起，自然被卷入驱魅的过程，人类对自然的认知开始发生转变。笛卡尔主客体二分说的提出在确立人的理性和主体性地位的同时，将自然降为可被利用和改造的客体，人与自然至此开始出现分离。在科学主义的视野下，水被还原为由氢氧原子组成的物质结构，关于水的认知开始理性化、科学化，人类对自然的敬畏之感日渐式微。借助于各种技术手段的干预，水成为可被计量和控制的对象（Mollinga，2011）。在水资源商品化过程中，水被客体化为资本的占有物，成为资本实现增殖、没有任何感性区别的原材料。资本的扩张和增殖本性决定了资本家将不惜一切地对水进行掠夺和占有。这种极端的占有取向对人类的生存条件和自然的整个生态平衡都构成了威胁（弗洛姆，1989）。

从人与自然的关系来看，将水资源商品化是在以人的需求为价值参照体系对水进行框构，体现的是人类中心主义价值观，被遮蔽的是自然界中其他生命体的水需求。水作为一种自然资源，先于人类而存在，不仅是人类的资源，还是其他生命的资源。马尔库塞（1983：145）曾就人与自然的关系指出，如果人们不把自然当作一种"保留物"加以保护并听其独立发展，那么当自然受到控制时，它也会反过来变成控制人的力量。"商品化的自然界，被污染的自然界，军事化了的自然界，不仅仅在生态学的含义上，而且在存在的含义上，缩小了人的生存环境。"从生态伦理的公平正义原则来看，地球上的生物都应享有平等的用水权，人类对水的圈占和利用不能妨碍其他生物对水的享用，应尊重所有生物在自然界中的生存权（朱俊林，2006）。水资源商品化实质上也是在以牺牲自然环境及大多数生命体的利益为代价服务于小部分人的利益。此外，水并非取之不尽、用之不竭，自然不可能无穷尽地为人类提供原材料，人类必须意识到并尊重自然的限度，不能仅以经济效益来权衡和度量资源的价值。虽然水的生态价值体现为它在生态系统中的功能，和人的消费需要无关，但人类的生存须以生态系统的平衡和稳定为前提（刘福森，1997）。

埃斯科瓦尔（2011：235）曾指出，"大自然的资本化在很大程度上是由国家协调的，国家必须被看作是资本与自然、人类与空间之间的互动界面"。资本虽然具有趋利本性，但为了捍卫利润，资本往往会对对自己产生威胁的社会条件进行重建，这种不断实现积累最大化的贪婪性需要强制性的社会权力作保证（徐水华，2010；埃斯科瓦尔，2011）。在奥康纳（2003：245，246，239）看来，"资本与其生产条件之间的关系是由社会经济及政治领域内的斗争、意识形态以及官僚政治的现实这三种因素共同作用而成的"。生产条件的生产性能一旦遭到破坏，"将会出现的就不仅是资本的经济危机问题，还是国家的立法危机或者执政党和政府的政治危机问题"。因此，水应该被视为自然界的公共财产，自然界的水循环平衡以及各种生物之间平等的用水权都应该得到公共权力的有效保护。

本章小结

综上，水短缺的"技术说"将水短缺问题化约为技术问题，但是这种工具理性背后忽略的是技术本身所承载的价值、支配水分配的社会权力关系以及被形塑的水分配过程，因此是一种去政治化叙事。技术本身是负载价值的，将技术视为中性，也是对水利工程所嵌入社会关系的忽视和对既有不平等社会关系的强化。水短缺的"商品说"通过市场来解决水分配问题，实质是资本借助水危机和水短缺叙事的遮掩，在新自由主义的庇护下，利用商品的概念框架通过对自然公共资源的圈占和掠夺以完成积累的需要。在商品化框架下，水资源只流向有支付能力的人。然而，水短缺并不必然意味着资源性水短缺。由于水的有限性决定了水资源使用主体间的排斥性，已有的使用量决定着余者的获取量，因此水短缺问题更深层的本质是分配问题。就水分配来看，水短缺"技术说"和"商品说"推崇的都是古典经济学视角下的效益最大化原则，使用效率最高且经济效益最大的主体享有优先用水权，这容易导致用水不公平问题。由于水关系着人的生存，因此有必要引入政治视角对水分配所嵌入的社会政治体系进行考察，以全面理解水短缺的本质。

第五章

结论和讨论

在 Loftus（2009）看来，人类现存的水资源量及所拥有的技术和经济能力足以保证所有人的水获取安全，问题的关键在于形塑水资源分配的社会政治机制。水资源分配是一个政治过程，充斥着相关利益主体的竞争和协商，主体间的社会关系决定着水资源的最终分配方式，围绕水分配的价值和理念强化着具体的水分配方式（Kerkvliet，2009）。水短缺的自然化表征并不必然意味着水的资源性短缺，反而容易遮蔽水短缺面具下水资源的实际分配过程。即使在资源性缺水地区，不同主体间的水短缺体验也是存在差异的。

在宋村，私人选铁厂的出现在改变村庄水资源分配结构的同时，也在加速着村庄在市场化背景下的经济、文化以及生态环境的变迁，而这些变化在自然性水短缺的表征中是不可见的。本书在第四章对水短缺的"技术说"和"商品说"叙事进行了重新审视，认为水短缺的本质是一个分配问题。本章将对宋村生产用水界面和生活用水界面中的水分配机制和逻辑进行总结，并在此基础上对发展主义背景下被边缘化的农村水权进行讨论，并对环境法律的都市化以及主流政策话语中的生态补偿机制进行反思。

第一节　生产用水界面：农村工业背景下的水攫取

本书通过考察宋村生产用水界面中选铁厂和村民围绕同一水源的水获取策略以及双方在用水过程中的协商和竞争过程，发现作为新的用水主体，选铁厂在铁粉加工过程中对村庄水资源的圈占导致村庄水资源的分配结构出现了重组，选铁厂和村民之间不平等的政治经济关系形塑着水资源的分配格局，选铁厂利用自己的政治经济优势地位获取了村民的水控制权，当地人的水权是被边缘化的。选铁厂在村庄的圈水行为实质是一种水攫取，满足的是资本盈利的需求。

选铁厂在宋村的水攫取具有间接性和隐蔽性两个特征。间接性特征体现在选铁厂以加工铁粉为目的，水只是加工过程中的一种生产要素而非直接目的。隐蔽性特征一方面是指选铁厂对村民水权的攫取是通过征占村民的土地获得的，并通过支付土地补偿而获得用水的合理性。在当地村民的认知中，水权附着在地权之上，因此村民在转让土地的过程中转出的还有水的使用权；另一方面是指在水权的转移过程中，只有针对土地的补偿，而没有对水的补偿。在征地和补偿标准的决策过程中，村民没有表达自身利益的话语权和决策权，并被排斥在谈判过程之外。当地政府以及村干部与资本之间的利益联盟，为选铁厂在村庄的土地征占和水圈占提供了有利条件。当地政府利用优惠政策吸引资本进入并为其提供庇护，目的是促进当地经济的增长。村干部在选铁厂和村民之间的中间人角色，为其提供了权力寻租的空间。在围绕水的利益链中，受制于不平等的权力结构，村民的水权在水分配重组过程中是被边缘化的。在当地政府和村干部的庇护下，选铁厂利用自己的资本优势，通过修建水利设施，如用比村民灌溉用水井更深的蓄水池对河水进行圈占，在破坏村庄原有农田水利系统的同时，挤压着村民在河水使用上的可获取空间。在资本的视野中，水资源就是用于生产加工、实现积累和获取利润的原材料。资本增殖的本性决定了其对水资源的占有和掠夺。选铁厂将作为公共资源的河水圈为己有并对原有使用者产生排斥的行为是一种掠夺式积累。被挤压的水获取空间也促成了村民认知和体验层面上的水短缺，即村民自身所需水和所能获取水之间的缺口，而非绝对的自然性水短缺。

面对外来强势资本的水攫取，尽管村民在水分配结构中不断被边缘化，但村民并非完全被动的接受者，他们在应对策略上采取了从"偷水"到"调适"的日常政治行为，体现着斯科特（2011）笔下弱者所具有的"自我保存的韧性"。但囿于有限的反抗空间，村民最终选择了调适，即通过调整种植结构减少水需求以适应重组后的水分配结构，或者将选铁厂排出的污水用于灌溉以减少用水的现金成本。村民在水获取竞争中的主动退出不仅为选铁厂用水提供了更多空间，而且进一步强化了选铁厂和村民之间不平等的水分配关系。

从表面上看，外来资本和村民在生产用水界面上并未出现显性冲突，促成二者之间和平共处的原因主要有三个。第一，村民对选铁厂具有经济依附性。在市场经济背景下，农民生产和生活资料以及交往方式的商品化削弱了其自主性和自由度。受制于经济力量的无声强制，农民对现金的依赖性不断增强，不得不选择锄头加薪水作为必要的生计方式（任守云，2012；叶敬忠、孟英华，2012）。从事工业生产的选铁厂在传统生计型农业社区宋村的出现，为村民带来了无须离土的现金收入机会，促生了二者之间的经济依附关系并强化着彼此间不平等的用水结构。社区内部的异质性决定着不同村民对选铁厂的经济依附程度不同。其中，因体力和家庭因素缺少外出务工的替代选择空间而"出不去"和"走不了"的村民对选铁厂的经济依附程度最高。第二，选铁厂在村庄的水攫取虽然给村民的灌溉用水带来了很大影响，但并未危及村民生活用水的安全底线。第三，市场化改革带来的非农就业机会的增加，给村民提供了土地外替代性生计的选择空间，在一定程度上缓解了选铁厂和村民之间的水张力，同时也遮蔽了水攫取对普通村民产生的驱逐效应。总的来看，选铁厂在宋村的土地征占和水资源圈占降低了村民的粮食自给率，在削弱村民自主性的同时，强化了他们对市场和现金的依赖。

水资源分配结构的变化也意味着水权的转移。选铁厂从村民手中获得水权后，将之前村民用于农业灌溉的水用于铁粉加工，遵循的是资本盈利的逻辑，而非以维护村庄生态环境和村民生计为原则，满足的是外部市场而非当地人的需求。关于农村工业的就业叙事也是值得质疑的。在宋村，选铁厂虽然给村民带来了一定的非农就业机会，降低了单一农业收入带来的生存风险，但实质上将农民置入更大的风险之中。在社会养老保障供应不足的农村，土地承担着重要的生计功能，而选铁厂对村庄耕地的破坏和对水资源的圈占，给农业生计带来的影响是长期和持续的。但是，受市场价格波动等因素的影响，选铁厂所能提供的就业机会是不稳定的。资本有着游走的自由，而当地人却要因缺水和土地无法继续耕种而面临不可估量的生计和生存风险。此外，由于水是流动的，选铁厂的用水方式还潜在地影响着下游居民的可获取水量和水质安全。

以经济增长为中心的地方招商引资式发展模式值得反思。对宋村村民而言，选铁厂实际上是一种被强加的"发展"需求。只有当权者的利益和资本的需求被纳入决策的考虑范围，普通村民被排斥在决策范围之外，并没有选择权，而决策的缺位也进一步使村民的利益需求边缘化。选铁厂并未能真正带动村庄的发展，而是以牺牲村民的具体水权为代价实现自身积累，使当地人的生计更加脆弱化。

在宋村的工业场域中，村民的主体地位实际上是被抽离并让位于外来资本的。作为私人资本的选铁厂进入村庄需要的是村庄的水资源而非村庄的人。当地村民的生存安全和利益是不可见的，反而被推入更深的商品化漩涡之中。从水分配重组后的价值链来看，当地人虽然拥有水资源的使用权，但因为缺少获益权而无法真正参与资本利益链的分配，收益和成本在不同主体间的分割是不对等的。受制于不平等的权力结构，村民承担着资本盈利的代价，并需要独自应对资本对当地水资源攫取导致的水短缺。水资源攫取现象归根结底源于资本和村民之间不平等的权力关系。也正是这种迎合资本利益取向的不平等结构关系，最终形塑了村庄的水资源分配格局以及"发展"价值链中的赢家和输家。

第二节　生活用水界面：个体化的水分配理念

农村市场化改革的过程，也是国家从农村生产和生活领域退出的过程，同时伴随着政府对农村公共物品投入的削减。据叶子荣等（2005），从公共产品供给体制来看，中国长期以来实行的是城乡二元分割的两套政策，城市公共产品由国家提供，农村公共产品主要由农民自己承担。新中国成立以来，虽然农村先后经历过集体化、市场化以及税费改革，但农村公共产品的供给机制在本质上并没有发生变化，农村始终是农村公共产品的供给主体。就关于农村用水的研究来看，大多数学者关注的是农村灌溉用水，对饮用水的关注较少。罗兴佐（2005）和刘岳等（2010）就农村水利供给在农村改革后遭遇的困境进行了分析，并对村民自主合作困境进行了探讨。基于对江汉平原乡村社会的考察，贺雪峰团队看到的是市场经济背景下高度原子化的村庄（熊万胜等，2012）。根据社区记忆的强弱和经济社会分化高低两个维度，贺雪峰等（2002）将村庄划分为四种类型，认为不同类型村庄的性质不同，面临水利困境时的解决能力和应对方案也不同。其中，社会关联度越高的农村，村民的自我组织能力和一致行动的能力越强，自足提供水利的能力也越强。相反，原子化程度越高的农村，合作越困难。

以上讨论主要围绕村庄农田水利供给困境而展开。基于宋村的实地研究，笔者发现，村庄的饮用水供给也存在与农田水利供给类似的困境，在国家供给缺位的情况下，村庄饮用水的获取更多地依靠村民的自给自足。近年来，虽然政府不断加大解决农村饮水困难问题的力度，但据统计，农村自来水普及率仅为34%，3亿多农村人口仍存在饮水安全问题（李宗明，2005）。本书从历史的视角对宋村生活用水获取的社会组织方式变迁进行了分析。从水获取方式来看，村庄的饮用水组织共经历了四个阶段的变化，在社会组织层面呈现的是从合作到个体化的转变。本部分将从村民水获取个体化的推动力和社会条件两个层面进行总结。

改革开放初期，村庄内部在应对饮用水短缺的过程中存在着合作传统。这也是社区成员为应对饮用水公共供给缺位所选择的生存策略。在经济资源的限制下，村民为了获取生存所需之水而选择了相互合作，并在分工协作和共同劳动的过程中强化着彼此之间的地缘关系，维系着他们对村庄共同体的认同和情感。村庄"官井"水源的开放性，也为村庄所有成员提供了同等的用水权。水短缺并不必然导致冲突的出现，基于宋村的考察，笔者发现水短缺也能促成合作，人的经济理性是社会性的一部分而非全部，但合作的方式及程度取决于所嵌入的社会关系以及共享的文化规约。参与式发展项目在村庄进行的水干预，虽然填补了公共供给主体缺位留下的空白，但强化了村干部对水供应的控制权以及村民在集中供水需求上对村干部的依附，同时在集中供水界面搭建了村民与选铁厂之间的经济依附关系。参与式社区发展项目的理念是要赋权于村民，让村民参与村庄公共事务的规划和管理。但在实际的运作中，村民的实际"参与"以及饮用水项目的整个实施过程都受制于村庄政治，所赋的"权"更多地体现为参与权而非关系到村民水获取的决策权。

选铁厂在村庄对河水的圈占以及排污所带来的水污染，一方面导致村庄的水位出现了下降，另一方面威胁着村庄水源的水质安全。对于村民而言，他们在依赖选铁厂完成水获取的同时，不得不承受选铁厂所带来的水污染。由于铁粉市场的不景气以及当地政府对私人散矿开采的安全控制，村庄很多选铁厂停止了生产，导致村民和私人资本在集中供水界面的经济依附关系出现断裂。为了获得稳定且安全的水源，村民不得不再次选择自力更生。然而，在围绕水获取的社会组织层面，村民更倾向于个人打井而非相互间合作，呈现的是个体化的趋势，社区内部的合作传统出现了式微。私有水井的出现标志着村民之间水控制和水获取能力的分化。选铁厂加工带来的河水污染以及水位下降，促使村民更为倾向于打深水井，强化了村民对地下水的依赖。打深水井需要高额现金成本，并不是每个人都有支付能力。受制于经济分化，打井的现金门槛将村民划分为有井户和无井户，即有稳定水源的村民和无稳定水源的村民。就村民水获取个体化的原因来看，除水量和水质变化产生的推动力，选铁厂带来的非农就业机会也加速了村民的商品和金钱意识。"小时"和"工资"取代了过去的互惠合作，进而侵蚀着村民的合作传统和观念。此外，市场化对农村的席卷也为个体从原来的文化传统以及人际关系中脱离提供了可能机会。换言之，市场提供的是一种个体之间不用再相互依赖的机会。作为一种重要的脱域机制，货币在个体化中也扮演着重要角色。它使个体行动不再受到特定地域、特定利益群体的直接人身联系或交往的束缚，为拥有货币的个体带来了极大的自由（赵爽，2011）。在宋村，打井队的出现也弱化了村民之间的相互依赖性，反而让村民觉得个人打井更为"方便"。市场化带来的个体化观念，弱化了社区内部作为保护机制和安全阀的合作传统。

在关于个体化的讨论中，阎云翔侧重探讨的是国家在个体化进程中的角色和作用，贺雪峰更为强调市场经济对传统组织机制的瓦解（熊万胜等，2012）。从宋村的案例来看，宋村饮用水获取的个体化是公共供给缺位和市场化共同形塑的结果。

在个体化以及经济分化的背景下，社区内部传统的保护机制和安全阀式微导致村庄出现了水分化。社区内部在水获取上成为鲍曼（2002）所言的"挂钉团体"，个体需要依靠自身的投资能力获取水资源。由于水资源的有限性和排斥性，个体化所推动的水分化不仅仅意味着水获取量的分化，同时也意味着水短缺风险的分化。在同一用水界面，穷人因为抗风险能力较弱而更容易被边缘化。此外，技术的排斥性和水获取的商品化也在推动着村庄的水分化。抽水设备私有水泵的使用以及新的钻井技术对村民之间的合作具有排斥性，在推动村庄水分化的同时，侵蚀着社区内部的社群性，不利于社群的再生产。村庄过去的水短缺是群体性短缺，村民选择以互惠合作的方式集体应对水短缺。而水获取商品化出现以后，其附带的私有化观念不仅弱化了这种群体性合作，使群体性短缺被个人性短缺所取代，而且强化了村民之间水短缺应对能力的分化。这种分化在认知层面也在进一步强化着村民对水的私有化观念。在消费主义的裹挟下，有支付能力的人在追求流行、时尚和享受的过程中，也在购买和使用着更多的耗水产品，对水的需求量和使用量随之增加，同时挤压着无稳定水源村民的水获取空间，并强化着村民之间既有的水分化。

第三节　作为生存权的水权

　　水是人类最基本的生存条件。2010 年 7 月，饮用洁净水作为基本人权通过了联合国决议。保障和维护每个公民平等的水权，既是政府的责任，也是政府的合法性基础。从政策制定层面来看，政策决策者所秉持的水分配理念影响着实际的水分配状况。农村贫困及弱势群体的水权在水分配政策中的位置及权利的实现情况，是衡量水分配政策公平与否的一个关键性因素。

　　新中国成立以后，中国政府选择的是一条以经济为中心，以城市化和工业化为手段的现代化发展道路，践行的是重经济增长、轻环境保护的粗放型发展模式，经济的快速增长在很大程度上是以资源的过度消耗为代价的（李强等，2005）。随着经济增长和生态环境破坏之间矛盾的不断尖锐化，可持续发展成为应对策略中的主导话语。基于对中国语境下可持续发展话语的考古学分析，孙睿昕（2013）认为，可持续只是发展的美丽外衣，其重心仍倾向于经济发展，旨在满足的人的需求是被异化的。

　　在唯经济效益而忽略公众生存利益的发展背景下，水资源在不同行业和主体间的分配不断被重组和调整。李强等（2005）就曾指出，随着工业化和城市化发展的加速，原来用于农村地区的水资源成为城市和工业用水的主要补充渠道。就饮用水供应来看，受制于城乡二元社会结构，中国的水资源公共供应仍以城市为中心。尽管很多城市的公共水供应开始转向私营化，但相对而言，大多数农村居民的水权并没有得到有效的公共保障。水利部官员曾介绍，中国仍有 23% 的农村靠山塘水窖供水，标准、保证率都不高①。从水利的公共投资分配来看，改革开放以后，政府更偏重江河治理等大型水利水电工程建设，对农田小水利工程的倾斜不够（毛寿龙等，2010）。总体来看，中国的水资源分配实际上呈现以城市和工业为中心的分配逻辑，农村的水权不断让位于城市和经济效益更高的非农行业。

为解决水短缺问题，建立水市场、让水商品化主导着中国当前的水分配政策话语。在效率原则的投射下，农业灌溉用水被贴上了"浪费"的标签，关于农业灌溉用水的讨论也集中在如何让农业节省更多的水。事实上，建立水市场的意义主要在于对现有水资源进行重新分配，目的是满足城市化与工业化对水资源的需求。市场主导下的水资源配置方式旨在实现让水权在不同行业部门间转让（石玉波，2001）。可见，建立水市场的出发点并非维护平等的用水权，效率叙事反而可为水资源农转非提供合理性前提。在效率优先的水分配原则下，农村的水权被边缘化，城市像一块巨大的海绵不断汲取着农村的水资源。李鹤等

---

① 《中国农村饮用水情况较为复杂 23% 靠山塘水窖供水》，中国新闻网，2014 年 3 月 21 日，http://www.chinanews.com/gn/2014/03-21/5979210.shtml。

（2007）的研究也发现，目前很多城市用于供应生活和工业用水的地下水取自郊县农村地区，造成了城市和农村在宏观层面的水权冲突，导致农村水权被置于弱势地位。被边缘化的农村水权不仅仅体现在水源的流出，也体现在私人资本等逐水主体在进入农村之后对当地水源的攫取。水攫取不仅意味着对水的圈占，水质污染产生的排斥和排挤也是对受害者水权的掠夺。但在围绕水的利益链中，处于弱势地位的农村往往承担着资本盈利的代价。

　　尽管大部分城市的水源来自农村，但有关水安全讨论的聚焦点仍在城市，拥有大多数人口的农村是被忽略的。在很多关于环境污染的讨论中，污染总是和城市联系在一起，农村是第二位的。事实上，在城市环保力度加大的背景下，随着城市工业向农村的转移以及乡村工业的兴起，一些原先较为恬静的乡村不再山清水秀，污染程度甚至超过城市（张玉林等，2003）。全球化监察于2011年在香港理工大学举办的香港水论坛上做的报告中指出，已有725万农村人口饮用水受到工业污染①。有一个顺口溜这么描述村庄的水变化，"六十年代淘米洗菜，七十年代浇水灌溉，八十年代水质变坏，九十年代鱼虾绝代"（陈文科，2013）。近年来，农村水污染事件屡见于报端。如山东潍坊的企业利用高压井将污水排到1000多米以下的水层，导致地下水

---

① 香港水论坛，全球化监察网站，2011年2月20日，http://www.globalmon.org.hk/zh-hant/content/%E9%A6%99%E6%B8%AF%E6%B0%B4%E8%AB%96%96%E5%A3%87-2011。

污染①。在当地工矿业排污的影响下，云南省昆明市东川区的一条河流过去清亮的河水变成了牛奶般的白色，并带有一股辛辣的味道。当地人称其为"牛奶河"，沿岸村民介绍，用乳白色河水灌溉后的庄稼产量低而且容易得病虫害。饮用被污染的河水甚至成为岸边居民无奈的选择②。农村工业污染对当地居民的生存环境和人身健康都带来了威胁。一份由公益人士制作的"中国癌症村地图"显示，中国目前被确认的癌症村数量已经超过 200 个③。在河北沧县小朱庄，饮用水井中的水因受附近化工厂排污影响变成了红色，村民不得不购买桶装纯净水④。环保部门在 2006 年公布的数据表明，中国境内因污水灌溉而被污染的耕地面积多达3250 万亩⑤。在很多学者看来，农村水污染的出现与环境监管不力有直接的关系。但基于在宋村的研究，笔者认为，

---

① 《失守的中国地下水》，《新京报》2013 年 2 月 24 日，http://epaper. bjnews. com. cn/html/2013 – 02/24/content_413568. htm? div = – 1，最后访问日期：2013 年 3 月 4 日。

② 《"牛奶河"》，《新京报》2013 年 4 月 1 日，http://epaper. bjnews. com. cn/html/2013 – 04/01/content_ 422163. htm? div = – 1，最后访问日期：2013 年 4 月 3 日。

③ 《中国癌症村地图》，百度百科，http://baike. baidu. com/link? url = eD-HuH6lzSk29ju5tNSI92jsTHwxqR_ pBwwG7pbs2zxHcscKHVYj – WTf3zn – 7n – OXVWmz2PMcs1cdA3hg1xX1Kq，最后访问日期：2012 年 11 月 21 日。

④ 《院士：河北官员称"红色井水合格"是瞪着眼睛说瞎话》，凤凰网，2013 年 4 月 4 日，http://news. ifeng. com/mainland/detail_ 2013_04/04/23880933_0. shtml，最后访问日期：2013 年 5 月 4 日。

⑤ 《国务院首次明文禁止污水灌溉耕地》，财新网，2013 年 1 月 29 日，http://china. caixin. com/2013 – 01 – 29/100487291. html，最后访问日期：2013 年 2 月 4 日。

水污染并非单纯的环境问题，其本质上也是一个水权问题，污染只是农民水权受到掠夺和攫取后所体现出来的结果。

从法律层面来看，中国针对环境保护的法律是"都市化"的，遮蔽了农村与城市之间不平等的现实并违背了公平正义原则（邓正来，2013）。据王世进等（2009），中国至今没有专门保护农村生态环境的法律，相关的行政规章也较为少见，已有的环境法律侧重的是对城市环境的保护。在制度安排方面，针对农村污染控制以及农村饮水安全保障的制度条文仍处在空白状态。制度和监管上的缺位也为私人资本进入村庄进行资源掠夺和破坏提供了制度空间。邓正来（2013）也曾指出，中国的环保法只利于都市人，其在制定时并没有重视传统的朴素环保理念及其约束力量，统一于农民实际生产生活中的生存权和环保是被强制分离的，这样的法律对都市是可以的，因为都市人的生存权基本实现了，而在中国农村，环保和生存问题仍是紧密联系在一起的。张玉林等（2003）的研究也指出，国内社会学界对环境问题的研究普遍存在的问题是只见环境不见人，对受害者本身的关注不足。具有隐蔽性、潜伏性和扩散性的水污染不仅给农民带来了巨额的经济损失，而且破坏了农民赖以生存的生态和生活环境，严重威胁着农民的健康和生命。受制于知识壁垒和专业知识的欠缺，农民的环境知情权是被架空的。企业排污产生的有害物质的种类和潜在影响，是农民的想象所无法企及的。即使成为受害者，由于处于弱势地位，农民的受害体验也面临着不被认可的困境，甚至找不到反抗的对象。随着众多污染企业从城市迁入农村，农村的饮用水环境在工业化过程中迅速恶化。由于环境保护监督管理力量薄弱，农村的水污染问题陷入了无人置问的状态（王世进等，2009）。从饮用水水质检测点来看，污染检测体系主要分布在全国重点水域和重点城市，农村饮用水水源水质检测体系严重缺位，3亿多农村人口仍存在饮水安全问题（李宗明，2005；刘继平，2006）。可见，在具有城乡二元结构的正式法框架中，农民的水权在制度安排层面也是被边缘化的。城乡之间文化权力的不平等，决定了以城市为中心的环境关注。都市化法律和以城市为中心的公共资源分配本身，也在形塑着农民二等公民的身份，建构着农民在制度上的弱势地位。饮用水供应属于公共产品，饮水安全问题仅靠农民自身的力量很难解决。由于市场很难确保公众平等的用水权，因此国家应加大对农村饮用水供应的扶持力度，并将农村水源纳入水质检测体系之中，保护农民作为生存权的水权。

在主流政策话语中，强势群体对弱势群体的水资源攫取通常被化约为环境问题，可以通过建立生态补偿机制来解决。党的十八届三中全会审议通过的《中共中央关于全面深化改革若干重大问题的决定》针对环境和资源问题曾提出，"实行资源有偿使用制度和生态补偿制度。加快自然资源及其产品价格改革，全面反映市场供求、资源稀缺程度、生态环境损害成本和修复效益"。虽然这些对策的提出旨在解决当下经济发展与环境破坏之间的矛盾，但笔者认为，以经济补偿机制解决生态问题是值得商榷的。生态补偿机制表面上可以利用经济手段约束资本破坏环境的行为，减少环境成本的外部化，实质却是对攫取关系的强化，并为强势资本的资源攫取过程提供了合法性空间。因为对于有支付补偿能力的资本来说，资源掠夺行为享有的是不受限制的自由。资本的积累本性本身也决定了它与生俱来的反生态性，资本可以追求无限增长进行自我扩张，但是自然界无法进行自我扩张。这里存在的悖论是，资本的扩张和增殖不但依赖自然生态环境，同时也会加速对自然的掠夺，对环境造成破坏。而生态危机一旦被触发，直接威胁到的是人类自身的生存。

弗洛姆（1989）曾指出，自然界是人类生存的条件。然而，具有理性的人类为了满足自身的需要改造并奴役自然，结果导致自然界越来越多地遭到破坏。想要征服自然界的欲望使人变得盲目，以至于忽略了自然界财富的有限性。对自然界的掠夺欲望终将使人类受到自然界的惩罚。从哲学层面来看，生态补偿机制体现的是实用主义伦理观，以经济价值衡量物的价值，将经济效益最大化作为衡量行为的标准，认为资源破坏可以折现为经济补偿。然而，并不是所有的物都可以折现，尤其是生命所不可或缺的水资源。对所有生命而言，水的重要性既是同等的，也是普遍存在的。作为一种生存权，水权的分配公平与否不仅关系到人的生计，更关乎人的生存。作为生存必需品，水资源关涉公众的根本利益，水资源供应和分配问题应该放到公共空间中经由公众充分讨论再进行决策。保护公众利益也是政府合法性的基础，政府在保证公众知情权的同时，应该赋予公众更多的话语权和参与决策权及监督权，确保公众拥有平等的用水权。发展政策决策者也需谨慎对待"双赢"的期望以及作为解决表征性环境问题"药方"的生态补偿机制，不能切断作为农民生存之基的具体水权以享受GDP的狂欢。农民作为被抽离的主体应该回归发展，否则发展将会由圈水变为无源之水。

附　录

附录1　主要被访对象情况简介

C1　男，50岁，宋村现任村书记，退伍军人，开过蛭
　　石厂，跑过出租，从1998年开始一直担任村领导
　　班子里的副职。2003年开始担任宋村书记，连任
　　三届

C2　男，68岁，在选铁厂打过工，负责铁矿石破碎

C3　男，65岁，留守老人

C4　女，43岁，留守妇女，在家照顾女儿，丈夫和大
　　儿子常年在外务工，自己在家烙大饼在村里卖，
　　并送到乡镇集市上的超市销售

C5　男，66岁，铁路退休职工，在村里养老

C6　女，75岁，"文化大革命"期间担任过妇联主任

C7　男，46岁，担任过村书记，目前种植果树和木材

C8　　男，68 岁，担任过村主任

C9　　女，63 岁，留守老人，在家照顾两个孙女，并帮
　　　　儿子放羊

C10　　女，60 岁，从四队搬到主村

C11　　女，38 岁，留守妇女，在家照顾儿子，丈夫和大
　　　　女儿常年在外务工

C12　　男，68 岁，留守老人，无井户

C13　　男，64 岁，退伍军人，终身未娶，和母亲住在
　　　　一起

C14　　男，73 岁，留守老人，儿子在外务工，经常在村
　　　　里打零工

C15　　女，71 岁，独居老人，无井户

C16　　男，68 岁，和儿子一起放羊

C17　　男，65 岁，无儿女，有气管炎，曾在选铁厂打
　　　　过工

C18　　男，63 岁，退伍军人，在家种地和放羊

C19　　男，78 岁，担任过乡镇林业站站长，现已退休，
　　　　在家种植果树和药材

C20　　男，58 岁，留守老人，担任过小队长

C21　　男，91 岁，村里年龄最长的老人

C22　　男，74 岁，担任过小队长

C23　　男，80 岁，担任过小队长

C24　　女，57 岁，留守老人，儿女在外务工，在家照看
　　　　孙子

C25　男，56 岁，在公路养护道班工作，负责村庄公路的维护

C26　女，73 岁，独居老人

C27　男，53 岁，退伍军人，得过脑瘤，做过开颅手术，农闲时外出务工

C28　男，55 岁，现任村委会委员，担任过村主任，目前在村庄经营加油站

C29　女，81 岁，留守老人

C30　女，80 岁，留守老人，已去世的丈夫担任过集体化时期的大队长，组织村民学大寨

C31　男，45 岁，在北京卖过水果，现在村庄做中间人，帮忙联系矿石源和铁粉销售渠道

C32　男，55 岁，在附近的一家正规选铁厂做厂长，负责选铁厂经营管理

C33　男，50 岁，农闲时外出务工

C34　女，53 岁，担任过村庄的妇联主任和会计，并在选铁厂当过化验员、厨子

C35　男，60 岁，农闲时外出务工，负责过村庄自发引水工程的组织

C36　男，75 岁，贫困老人，无井户

C37　女，37 岁，留守妇女，在家照顾女儿

C38　男，58 岁，丧偶，常年在外务工

C39　男，35 岁，村里少见的年轻人，常在家附近的选铁厂打工。在家里搞过粮食加工和野鸡养殖。为

了生计和更好地生活，不断尝试并寻找着各种赚钱机会

C40　女，43 岁，外出务工返乡

C41　女，40 岁，在家放羊

C42　男，42 岁，跑运输，拉矿石和铁粉

C43　女，70 岁，独居老人

C44　男，52 岁，在附近一选铁厂做保安

C45　女，73 岁，独居老人

C46　女，63 岁，留守老人

C47　男，70 岁，在集体化时期担任过生产队队长，并组织村民挖井

C48　男，31 岁，在县城供电所上班，负责电路维修

C49　男，80 岁，集体化时期担任过生产队队长

C50　男，69 岁，耕地被选铁厂征占

C51　男，52 岁，农闲外出务工

C52　男，60 岁，单身汉，和弟弟住在一起，在选铁厂打过工

C53　男，71 岁，担任过宋村村书记

C54　女，38 岁，务农、放羊

C55　男，57 岁，和妻子曾在选铁厂打工，农闲外出务工

C56　男，65 岁，村里的风水大师

C57　女，39 岁，丈夫跑运输，自己在家放羊、养兔子

C58　男，41 岁，在村里经营一个粮油店

C59　男，45 岁，肉猪养殖

C60　男，65 岁，选铁厂厂主

C61　男，63 岁，留守老人，在家照顾孙女

C62　男，68 岁，对文艺活动感兴趣

C63　女，老人，73 岁，独居老人

C64　女，48 岁，丈夫在村里开了一个汽车维修部，自己农闲时在选铁厂里打过工，负责看球磨机

C65　男，57 岁，担任过村会计和村妇联主任，目前开着煤厂并加工做月饼

C66　女，55 岁，留守老人

C67　女，65 岁，留守老人

C68　女，22 岁，初中毕业，上过一年技校，有在外务工经历

C69　男，43 岁，跑运输，拉矿石和铁粉

附录2 主要访问的问题

1. 村民如何认识水短缺？村庄是否出现过水短缺？有哪些关于水短缺的记忆？如何应对水短缺？

2. 村民对村庄水的属性是如何认知的？

3. 村庄的灌溉史如何？改革前后，村民的灌溉用水发生过哪些变化？

4. 村民之间是否有过争水现象，如何解决的？

5. 水源和水质有何变化？如何感知？有哪些体验？

6. 地权和水权之间的关系？

7. 选铁厂是何时为何在村庄出现的？

8. 选铁厂在村庄是如何征地的？对征用的土地是如何使用的？

9. 村民对土地的态度如何？

10. 选铁厂如何用水？对村民用水的影响？

11. 村民对选铁厂用水的态度如何？如何应对？

12. 选铁厂带给村民的利弊各是什么？

13. 村民和选铁厂在用水上是否出现过冲突？如何协商和解决的？

14. 选铁厂在村庄的用工情况？

15. 谁在选铁厂打工？谁愿意在选铁厂打工？工作环境及待遇如何？

16. 村庄种植结构做过哪些调整？原因是什么？

17. 是否有过求雨仪式？如何组织和安排的？

18. 生活饮用水的历史如何？水源以及用水需求发生了哪些变化？

19. 村民在生活用水上是否有过合作互惠行为？

20. 村民集体挖井的组织过程是怎样的？如何分水？

21. 井水短缺时的用水安排如何？

22. 自发引水的组织过程是怎样的？如何分水？

23. 水干预项目在村庄是如何组织实施的？水供应是如何安排的？村干部在其中的角色？

24. 井位是如何选择的？有哪些仪式？发生了哪些变化？

25. 在村民的认知中，合伙井和私人井有哪些不同？

26. 为何选择打私人水井？背后的观念是什么？

27. 家电下乡政策对村民的消费影响？

28. 村民的住房及装修风格发生了哪些变化？

29. 有井户和无井户在用水量及用水方面的差异？

30. 村民如何应对水质变化？

31. 市场化和商品化给村民的生存境遇带来哪些影响？

参考文献

阿柏杜雷，阿尔让，2001，《印度西部农村技术与价值的再生产》，叶沛瑜、萧润仪译，载许宝强和汪晖主编《发展的幻象》，中央编译出版社。

埃斯科瓦尔，阿图罗，2011，《遭遇发展：第三世界的形成与瓦解》，汪淳玉等译，社会科学文献出版社。

奥康纳，詹姆斯，2003，《自然的理由：生态学马克思主义研究》，唐正东等译，南京大学出版社。

巴洛，莫德、托尼·克拉克，2008，《水资源战争——向窃取世界水资源的公司宣战》，张岳等译，当代中国出版社。

鲍曼，齐格蒙特，2002，《个体化社会》，范祥涛译，上海三联书店。

鲍曼，齐格蒙特，2001，《全球化——人类的后果》，郭国良、徐建华译，商务印书馆。

边缘人，2002，《解读"井"的学问——读〈中国的井文化〉》，《民俗研究》第 3 期。

波兰尼，卡尔，2007，《大转型：我们时代的政治与经济起源》，冯钢、刘阳译，浙江人民出版社。

伯恩斯坦，亨利，2011，《农政变迁的阶级动力》，汪淳玉译，社会科学文献出版社。

布迪厄，皮埃尔，2003，《实践感》，蒋梓骅译，译林出版社。

布洛克，弗雷德，2007，《导言》，载卡尔·波兰尼著《大转型：我们时代的政治与经济起源》，冯纲等译，浙江人民出版社。

查特斯，科林、萨姆尤卡·瓦玛，2012，《水危机：解读全球水资源、水博弈、水交易和水管理》，伊恩、章宏亮译，机械工业出版社。

陈阿江，2000，《水域污染的社会学解释——东村个案研究》，《南京师大学报》（社会科学版）第 1 期。

陈晖涛，2012，《建国以来农田水利设施供给制度的变迁及其启示》，《世纪桥》第 3 期。

陈靖，2011，《灌区参与式管理改革的双向互动：甘肃个案》，《重庆社会科学》第 10 期。

陈文科，2013，《转型中国水危机的多维思考》，《汉江论坛》第 2 期。

陈永森，2004，《告别臣民的尝试——清末明初的公民意识与公民行为》，中国人民大学出版社。

陈志军，2002，《水权如何配置管理和流转》，《中国水利报》4月23日。

程恬淑，2006，《社区发展中的农民自助研究——以河北省
易县坡仓乡C村为例》，硕士学位论文，中国农业大学。

邓正来，2013，《关注农村——中国都市化法律的反思》，
《中国农业大学学报》（社会科学版）第2期。

丁平、李崇光、李瑾，2006，《我国灌溉用水管理体制改革
及发展趋势》，《中国农村水利水电》第4期。

杜耘、蔡述明、吴胜军，2001，《南水北调中线工程对湖北
省的影响分析》，《华中师范大学学报》（自然科学版）
第3期。

多布娜，佩特拉，2011，《水的政治——关于全球治理的政
治理论、实践与批判》，强朝晖译，社会科学文献出
版社。

范德普勒格，扬·杜威，2013，《新小农阶级：帝国和全球
化时代为了自主性和可持续性的斗争》，潘璐、叶敬忠
等译，社会科学文献出版社。

风笑天，2009，《社会学研究方法》，中国人民大学出版社。

冯仕政，2007，《沉默的大多数：差序格局与环境抗争》，
《中国人民大学学报》第1期。

弗罗姆，埃里希，1989，《占有还是生存》，关山译，生活·
读书·新知三联书店。

福柯，米歇尔，2010，《必须保卫社会》，钱翰译，上海人
民出版社。

傅衣凌，1988，《中国传统社会：多元的结构》，《中国社会

经济史研究》第 3 期。

高亮华，1998，《人文主义视野中的技术》，中国社会科学
　　出版社。

格尔兹，克利福德，1999，《尼加拉：十九世纪巴厘剧场国
　　家》，赵炳祥译，上海人民出版社。

关飞，2010，《谁在忽悠我们喝瓶装水》，《新湘评论》第
　　4 期。

郭海晋、王政祥、邹宁，2008，《长江流域水资源概述》，
　　《人民长江》第 17 期。

哈维，大卫，2016，《新自由主义简史》，王钦译，上海译
　　文出版社。

韩茂莉，2006，《近代山陕地区基层水利管理体系探析》，
　　《中国经济史研究》第 1 期。

贺雪峰、罗兴佐，2006，《论农村公共物品供给中的均衡》，
　　《经济学家》第 1 期。

贺雪峰、仝志辉，2002，《论村庄社会关联——兼论村庄秩
　　序的社会基础》，《中国社会科学》第 3 期。

胡鞍钢、王亚华，2000，《转型时期水资源配置的公共政
　　策：准市场和政治民主协商》，《中国水利》第 11 期。

胡英泽，2006，《水井与北方乡村社会——基于山西、陕
　　西、河南省部分地区乡村水井的田野考察》，《近代史
　　研究》第 1 期。

黄晶等，2009，《北京市近 20 年农业用水变化趋势及其影
　　响因素》，《中国农业大学学报》第 5 期。

黄钟，2007，《南水北调，可能的后果》，《南风窗》第
　　1 期。

贾兵强，2007，《先秦时期我国水井文化初探》，《华北水利
　　水电学院学报》第 3 期。

贾绍凤，2003，《如何看待南水北调工程的社会经济影响》，
　　《科学对社会的影响》第 3 期。

贾绍凤、张军岩、张士锋，2002，《区域水资源压力指数与
　　水资源安全评价指标体系》，《地理科学进展》第 6 期。

姜东晖、胡继连，2008，《对水资源"农转非"现象的经济
　　学分析》，《中国农业资源与区划》第 3 期。

姜文来，2000，《水权及其作用探讨》，《中国水利》第
　　12 期。

拉斯韦尔，哈罗德·D.，1992，《政治学——谁得到什么？
　　何时和如何得到？》，商务印书馆。

李创、张金顺，2002，《关于水商品市场化问题的思考》，
　　《华北水利水电学院学报》（社科版）第 3 期。

李代鑫，2002，《中国灌溉管理与用水户参与灌溉管理》，
　　《中国农村水利水电》第 5 期。

李鹤、刘永功，2007，《农村地下水资源管理中的水权冲
　　突》，《农业经济研究》第 6 期。

李鹤，2007，《权利视角下农村社区参与水资源管理研究——
　　北京市案例分析》，知识产权出版社。

李强等，2005，《中国水问题——水资源与水管理的社会学
　　研究》，中国人民大学出版社。

李彦昭，2008，《论农村工业化》，《马克思主义与现实》第
　　2 期。

李宗明，2005，《农村饮用水安全问题》，《中国发展观察》
　　第 10 期。

廖艳彬，2008，《20 年来国内明清水利社会史研究回顾》，
　　《华北水利水电学院学报》（社科版）第 1 期。

刘福森，1997，《自然中心主义生态伦理观的理论困境》，
　　《中国社会科学》第 3 期。

刘鸿渊、史仕新、陈芳，2010，《基于信任关系的农村社区
　　性公共产品供给主体行为研究》，《社会科学研究》第
　　2 期。

刘继平，2006，《公共物品供给：关于农村饮用水供给问题
　　的思考》，《农村经济》第 10 期。

刘岳、刘燕舞，2010，《当前农村水利的双重困境》，《探索
　　与争鸣》第 5 期。

卢风，2002，《论消费主义价值观》，《道德与文明》第 6 期。

陆继霞，2014，《关注生活在环境污染中的"沉默的大多
　　数"——读〈火焰镇的环境污染之苦〉有感》，《中国
　　农业大学学报》（社会科学版）第 1 期。

罗薇，2008，《水务改革的盛世危言》，《产权导刊》第
　　9 期。

罗兴佐、贺雪峰，2004，《论乡村水利的社会基础——以荆
　　门农田水利调查为例》，《开放时代》第 2 期。

罗兴佐、刘书文，2005，《市场失灵与政府缺位》，《中国农

村水利水电》第 6 期。

罗兴佐，2005，《治水：国家介入与农村合作》，博士学位
　　论文，华中师范大学。

麻国庆，2005，《"公"的水与"私"的水——游牧和传统
　　农耕蒙古族"水"的利用与地域社会》，《开放时代》
　　第 1 期。

马尔库塞，赫伯特，1983，《自然和革命》，载《西方学者
　　论〈1844 年经济学哲学手稿〉》，复旦大学出版社。

毛寿龙、杨志云，2010，《无政府状态、合作的困境与农村
　　灌溉制度分析：荆门市沙洋县高阳镇村组农民用水供
　　给模式的个案研究》，《理论探讨》第 2 期。

穆贤清等，2004，《我国农户参与灌溉管理的产权制度保
　　障》，《经济理论与经济管理》第 12 期。

钱杭，2008，《共同体理论视野下的湘湖水利集团——兼论
　　"库域型"水利社会》，《中国社会科学》第 2 期。

任守云，2012，《市场嵌入与自我剥削——李村商品化过程
　　研究》，博士学位论文，中国农业大学。

戎丽丽、胡继连，2007，《地下水水权冲突及其协调机制》，
　　《水利经济》第 2 期。

佘江涛、丁嫣霞，2001，研究资本主义的杰作读阿锐基的
　　《漫长的 20 世纪——金钱、权力和我们社会的起源》，
　　《博览群书》第 3 期。

沈满洪、陈锋，2002，《我国水权理论研究述评》，《浙江社
　　会科学》第 5 期。

石玉波，2001，《关于水权与水市场的几点认识》，《中国水利》第 2 期。

舒瑜，2007，《物的生命传记——读〈物的社会生命：文化视野中的商品〉》，《社会学研究》第 6 期。

斯科特，詹姆斯·C.，2013，《农民的道义经济学——东南亚的反叛与生存》，程立显、刘建等译，译林出版社。

斯科特，詹姆斯·C.，2011，《弱者的武器》，郑广怀、张敏、何江穗译，译林出版社。

宋洪远、吴仲斌，2007，《推进产权制度与管理机制改革，加强小型农田水利基础设施建设》，《红旗文稿》第 3 期。

孙睿昕，2013，《发展叙事的国家建构——对中国发展的后结构主义分析》，博士学位论文，中国农业大学。

汤普逊，保尔，2000，《过去的声音：口述史》，覃方明等译，辽宁教育出版社。

田东奎，2006，《试论当代农村水利纠纷之解决》，《国家行政学院学报》第 5 期。

仝志辉，2005，《农民用水户协会与农村发展》，《经济社会体制比较》第 4 期。

汪力斌，2007，《农村妇女参与用水户协会的障碍因素分析》，《农村经济》第 5 期。

汪恕诚，2000，《水权和水市场——谈实现水资源优化配置的经济手段》，《中国水利》第 11 期。

王欢，2009，《从马克思的资本逻辑到鲍德里亚的符号逻辑》，《前沿》第 10 期。

王焕炎，2008，《水利·国家·农村——以水利社会史为视角加强对传统社会国家社会关系的研究》，《甘肃行政学院学报》第 6 期。

王龙飞，2010，《近十年来中国水利社会史研究述评》，《华中师范大学研究生学报》第 1 期。

王铭铭，2004，《"水利社会"的类型》，《读书》第 11 期。

王铭霞，2001，《人与自然关系的哲学反思》，《理论学刊》第 2 期。

王世进、康庄，2009，《安全与公平正义的视野下我国农村饮用水安全问题探究》，《江南大学学报》（人文社会科学版）第 3 期。

王晓毅，2010，《沦为附庸的乡村与环境恶化》，《学海》第 2 期。

王学渊、韩洪云、邓启明，2007，《水资源"农转非"对农村发展的影响——对河北省兴隆县转轴沟村的案例研究》，《中国农业大学学报》（社会科学版）第 1 期。

王亚华、胡鞍钢、张棣生，2002，《我国水权制度的变迁——新制度经济学对东阳－义务水权交易的考察》，《经济研究参考》第 20 期。

王易萍，2012，《双轨水利：农村水利运行机制的文化人类学研究》，《青海民族研究》第 1 期。

王治，2003，《关于建立水权转让制度的思考》，《中国水利》第 13 期。

吴理财，2014，《论个体化乡村社会的公共性建设》，《探索与争鸣》第 1 期。

吴思敏，2011，《东江水的故事》，载全球化监察网站，http：www. globalmon. org. hk/zh‑hant/content/东江水的故事。

吴滔，1995，《明清江南地区的"乡圩"》，《中国农史》第 3 期。

行龙，2004，《从共享到争夺：晋水流域水资源日趋匮乏的历史考察——兼论区域社会史的比较研究》，《区域社会史比较研究中青年学者学术讨论会论文集》，山西省历史学会。

行龙，2005，《从"治水社会"到"水利社会"》，《读书》第 8 期。

行龙，2005，《晋水流域 36 村水利祭祀系统个案研究》，《史林》第 4 期。

熊万胜、李宽、戴纯青，2012，《个体化时代的中国式悖论及其出路——来自一个大都市的经验》，《开放时代》第 10 期。

徐水华，2010，《论资本逻辑与资本的反生态性》，《科学技术哲学研究》第 6 期。

严海蓉，2005，《虚空的农村和空虚的主体》，《读书》第 7 期。

阎云翔，2012，《中国社会的个体化》，陆洋等译，上海译文出版社。

叶敬忠、李春艳，2009，《行动者为导向的发展社会学研究方法——解读〈行动者视角的发展社会学〉》，《贵州社会科学》第 10 期。

叶敬忠、孟英华，2012，《土地增减挂钩及其发展主义逻辑》，《农业经济问题》第 10 期。

叶子荣、刘鸿渊，2005，《农村公共产品供给制度：历史、现状与重构》，《学术研究》第 1 期。

于静洁、吴凯，2009，《华北地区农业用水的发展历程与展望》，《资源科学》第 9 期。

余映雪，2006，《水商品化、市场化的再思考》，《技术与市场》第 11 期。

俞澄生，2000，《南水北调：新世纪的重要选择》，《国土经济》第 1 期。

泽鲁巴维尔，伊维塔，2006，《房间里的大象——生活中的沉默和否认》，胡缠译，重庆大学出版社。

曾国熙等，2003，《黄淮海流域水资源短缺及其损失初探》，《水利经济与管理》第 4 期。

张爱华，2008，《"进村找庙"之外：水利社会史研究的勃兴》，《史林》第 5 期。

张丙乾，2005，《权力与资源——农村社区开采小铁矿的社会学分析》，博士学位论文，中国农业大学。

张建琦、李勤，1996，《内陆地区农村工业的发展——以西安市为例》，《中国农村经济》第 7 期。

张军、何寒熙，1996，《中国农村的公共产品供给：改革后的变迁》，《改革》第 5 期。

张俊峰，2005，《介休水案与地方社会——对泉域社会的一项类型学分析》，《史林》第 3 期。

张俊峰，2012，《明清中国水利社会史研究的理论视野》，《史学理论研究》第 2 期。

张俊峰，2001，《山西水利与乡村社会分析——以明清以来洪洞水案为例》，载王先明和郭卫民主编《华北乡村史学术研讨会论文集》，人民出版社。

张俊峰，2001，《水权与地方社会——以明清以来山西省文水县甘泉渠水案为例》，《山西大学学报》（哲学社会科学版）第 6 期。

张俊峰，2009，《油锅捞钱与三七分水：明清时期汾河流域的水冲突与水文化》，《中国社会经济史研究》第 4 期。

张良，2013，《现代化进程中的个体化与乡村社会重建》，《浙江社会科学》第 3 期。

张佩国，2012，《"共有地"的制度发明》，《社会学研究》第 5 期。

张瑞恒、王殿茹、王金山，2001，《水资源商品化探微》，《经济论坛》第 9 期。

张小军，2007，《复合产权：一个实质论和资本体系的视角——山西介休洪山泉的历史水权个案研究》，《社会学研究》第 4 期。

张雅墨，2011，《水资源所有权制度研究》，《法制与社会》第 9 期。

张亚辉，2006，《人类学中的水研究——读几本书》，《西北民族研究》第 3 期。

张玉林、顾金土，2003，《环境污染背景下的"三农问题"》，《战略管理》第 3 期。

张哲，2010，《新自由主义与环境治理——以拉丁美洲的水权私有化为例》，《石家庄经济学院学报》第 6 期。

章友德，2010，《我国失地农民问题十年研究回顾》，《上海大学学报》（社会科学版）第 5 期。

赵世瑜，2005，《分水之争：公共资源与乡土社会的权力和象征——以明清山西汾水流域的若干案例为中心》，《中国社会科学》第 2 期。

赵爽，2011，《中国社会个体化的产生及其条件——个体化相关理论述评》，《长安大学学报》第 2 期。

郑振满，1987，《明清福建沿海农田水利制度与乡族组织》，《中国社会经济史研究》第 4 期。

钟水映，2004，《调水与调人：人口与水资源合理配置的另外一个视角》，《人口与经济》第 6 期。

周飞舟，2006，《分税制十年：制度及影响》，《中国社会科学》第 6 期。

周立，2010，《极化的发展》，海南出版社。

周霞、胡继连、周玉玺，2001，《我国流域水资源产权特性与制度建设》，《经济理论与经济管理》第 12 期。

朱海忠，2012，《污染危险认知与农民环境抗争——苏北 N 村铅中毒事件的个案分析》，《中国农村观察》第 4 期。

朱洪启，2004，《二十世纪华北农具、水井的社会经济透视》，博士学位论文，南京农业大学。

朱俊林，2006，《转基因技术安全性的生态伦理浅析》，《伦理学研究》第 4 期。

朱文轶、陈超，2007，《一瓶水的意识形态》，《书摘》第 11 期。

朱霞，2005，《云南诺邓盐井的求雨仪式》，《民俗研究》第 2 期。

朱晓阳，2011，《小村故事——地志与家园（2003 - 2009）》，北京大学出版社。

Arduino, Serena, Giorgio Colombo, Ofelia Maria Ocampo and Luca Panzeri. 2012. "Contamination of Community Potable Water from Land Grabbing: A Case Study from Rural Tanzania." *Water Alternatives* 5(2):344 - 359.

Barlow, Maude. 2001. "Water as Commodity-The Wrong Prescription." *The Institute for Food and Development Policy, Backgrounder*, Summer, 7(3).

Boelens, Rutgerd and Jeroen Vos. 2012. "The Danger of Naturalizing Water Policy Concepts: Water Productivity and Efficiency Discourses from Field Irrigation to Virtual Water Trade." *Agricultural Water Management* (108):16 - 26.

Boelens, Rutgerd. 2010. "Water Rights Politics." In *The Politics of Water: A Survey*, edited by Kai Wegerich and Jeroen Warner, pp. 161 - 183. London and New York: Routledge.

Boland, Alana. 2006. "From Provision to Exchange: Legalizing the Market in China's Urban Water Supply." In *Everyday Moder-*

nity in China, edited by Madeleine Yue Dong and Joshua Goldstein, pp. 303 – 331. Seattle: University of Washington Press.

Bues, Andrea and Insa Theesfeld. 2012. "Water Grabbing and the Role of Power: Shifting Water Governance in the Light of Agricultural Foreign Direct Investment. " *Water Alternatives* 5(2):266 – 283.

Duvail, Stephanie, Clair Medard, Oliver Hamerlynck and Dorothy Wanja Nyingi. 2012. "Land and Water Grabbing in an East African Coastal Wetland: The Case of the Tana Delta. " *Water Alternatives* 5(2):322 – 343.

Franco, Jennifer, Lyla Mehta and Gert Jan Veldwisch. 2013. "The Global Politics of Water Grabbing. " *Third World Quarterly* 34 (9):1651 – 1675.

Funder, Mikkel, Rocio Bustamante, Vladimir Cossio, Pham Thi Mai Huong, Barbara van Kopper, Carol Mweemba, Imasiku Nyambe, Le Thi Than Phuong and Thomas Skielboe. 2012. "Strategies of the Poorest in Local Water Conflict and Cooperation: Evidence from Vietnam, Bolivia and Zambia. " *Water Altern atives* 5(1):20 – 36.

Hardin, Garrett. 1968. " The Tragedy of the Commons. " *Science* 162(1968): 1243 – 1248.

Islar, Mine. 2012. "Privatized Hydropower Development in Turkey: A Case of Water Grabbing?" *Water Alternatives* 5(2):

376 – 391.

Jaffee, Daniel and Soren Newman. 2013. "A More Perfect Com-
modity: Bottled Water, Global Accumulation, and Local Con-
testation." *Rural Sociology* 78(1): 1 – 28.

Kerkvliet, Benedict J. Tria. 2009. "Everyday Politics in Peasant
Societies(and Ours)." *Journal of Peasant Studies* 36(1):
227 – 243.

Li, Tania Murray. 2007. *The Will to Improve: Governmentality, De-
velopment and the Practice of Politics*. Durham: Duke Uni-
versity Press Books.

Loftus, Alex. 2009. " Rethinking Political Ecologies of Water."
Third World Quarterly 30(5): 953 – 968.

Matthews, Nathanial. 2012. "Water Grabbing in the Mekong Ba-
sin: An Analysis of the Winners and Losers of Thailand's
Hydropower Development in Lao PDR." *Water Alternatives* 5
(2): 392 – 411.

Mehta, Lyla, Gert Jan Veldwisch and Jennifer Franco. 2012. "In-
troduction to the Special Issue: Water Grabbing? Focus on
the (Re)Appropriation of Finite Water Resources." *Water
Alternatives* 5(2): 193 – 207.

Mehta, Lyla. 2001. "The Manufacture of Popular Perceptions of
Scarcity: Dams and Water-related Narratives in Gujarat, In-
dia." *World Development* 39(12): 2025 – 2041.

Mehta, Lyla. 2011. "The Social Construction of Scarcity: The Case of Water in Western India. " In *Global Political Ecology*, edited by Richard Peet, Paul Robbins and Michael Watts, pp. 371 – 386. London and New York: Routledge Press.

Mehta, Lyla. 2000. Water for the Twenty-first Century: Challenges and Misconceptions. IDS Working Paper 111.

Meinzen-Dick, Ruth and Rajendra Pradhan. 2005. "Analyzing Water Rights, Multiple Uses, and Intersectoral Water Transfers. " In *Liquid Relations: Contested Water Rights and Legal Complexity*, edited by Dik Roth, Rutgerd Boelens and Margreet Zwarteveen, pp. 237 – 253. New Brunswick, NJ: Rutgers University Press.

Mollinga, Peter. P. 2011. " Book Review of Strang, 2004. The Meanings of Water. Berg. and Linton, 2010. What is Water? The History of a Modern Abstraction. UBC Press. " *Water Alternatives* 4(3):429 – 432.

Mollinga, Peter. P. 2008. " Water, Politics and Development: Framing a Political Sociology of Water Resources Management. " *Water Alternatives* 1(1):7 – 23.

O' Brien, Kevin J. and Li Lianjiang. 2006. *Rightful Resistance in Rural China*. New York and Cambridge: Cambridge University Press.

Opel, Andy. 1999. " Constructing Purity: Bottle Water and the Commodification of Nature. " *Journal of America Culture* 22(4):67 – 76.

Ribot, Jesse C. and Nancy Lee Peluso. 2003. " A Theory of Access. "*Rural Sociology* 68(2):153 – 181.

Rijsberman, Frank R. 2006. " Water Scarcity: Fact or Fiction?" *Agricultural Water Management*(80):5 – 22.

Roth, Dik, Rutgerd Boelens and Margreet Zwarteveen. 2005. *Liquid Relations: Contested Water Rights and Legal Complexity.* New Brunswick, NJ: Rutgers University Press.

Savenijie, Hubert H. G. 2000. " Water Scarcity Indicators: The Deception of the Numbers. "*Phys. Chem. Earth* (*B*) 25(3): 199 – 204.

Sosa, Milagros and Margreet Zwarteveen. 2012. " Exploring the Politics of Water Grabbing:The Case of Large Mining Operations in the Peruvian Andes. "*Water Alternatives* 5(2):360 – 375.

Trottier, Julie. 2008. "Water Crisis:Political Construction or Physical Reality?"*Contemporary Politics* 14(2):197 – 214.

Wagle, Subodh, Sachin Warghade and Mandar Sathe. 2012. " Exploiting Policy Obscurity for Legalizing Water Grabbing in the Era of Economic Reform:The case of Mahsrashtra, India. "*Water Alternatives* 5(2):412 – 430.

Woodhouse, Philip and Ana Sofia Ganho. 2011. " Is Water the Hidden Agenda of Agricultural Land Acquisition in Sub-Saharan Africa?" Paper presented at the International Conference on Global Land Grabbing, University of Sussex, UK,

April 6 – 8.

Zwarteveen, Margreet, Dik Roth and Rutgerd Boelens. 2005. "Water Rights and Legal Pluralism: Beyond Analysis and Recognition." In *Liquid Relations: Contested Water Rights and Legal Complexity*, edited by Dik Roth, Rutgerd Boelens and Margreet Zwarteveen, pp. 254 – 268. New Brunswick, NJ: Rutgers University Press.

致　谢

　　本书是我攻读博士学位的科研成果。四年的博士生活为我的求学经历打开了一扇新窗。我从中收获的不仅仅是知识，更多的是重新理解生活的一种思考方式。本书的创作离不开老师、同学和亲人的支持和关爱。

　　感谢导师叶敬忠教授。恩师治学之严谨、为人之谦逊让我深感敬畏和钦佩。无论是在学习方面还是生活方面，老师都给予了我莫大的包容、鼓励和帮助。感谢老师在我写作的最低谷时期，将我从黑暗中拉回。团队的温暖让我重获了前进的勇气，这份正能量我将力所能及地传递下去。

　　感谢团队的各位老师和同学。感谢贺聪志、潘璐、汪淳玉、吴惠芳、陆继霞、饶静、刘燕丽、张克云、刘晓林老师在本书的实地调查和写作过程中所给予的指导和帮助。感谢团队所有师兄弟姐妹的陪伴和支持。他们是刘娟、任守云、古拉姆、付会洋、陈晶环、林杜鹃、徐思远、宁夏、丁宝寅、冯小、曾红萍、屠晶、张瑾、郁世平和王维。

感谢学院的兼职教授 Jennifer Franco，Jun Borras，Henry Bernstein，Jan Douwe van der Ploeg 以及他的夫人 Sabine de Rooij 在学术和生活方面给予我的指导和关心；感谢农政讲座的嘉宾 Ben Cousins，Ruth Hall，James Scott，Tania Li，Benedict Kerkvliet 教授以及来自多伦多大学的 Alana Boland 教授，与这些学术大牛的讨论让我受益匪浅。

感谢宋村所有接受过我访谈并给我提供过帮助的村民，是你们的善良、朴实、宽容和豁达让我的调查顺利进行。特别感谢房东兰亭阿姨待我如家人般的细心呵护。她对待生活的乐观态度以及面临困境时的坚毅一直在感染并激励着我。

最后，感谢我生命中最重要的家人，无论何时何地，你们永远是我的坚强后盾和力量来源。我会不忘初心，砥砺前行。

李华

2018 年 10 月 1 日

图书在版编目（CIP）数据

隐蔽的水分配政治：以河北宋村为例／李华著．——
北京：社会科学文献出版社，2018.10
ISBN 978 - 7 - 5201 - 3755 - 3

Ⅰ.①隐…　Ⅱ.①李…　Ⅲ.①乡村 - 水资源管理 - 研
究 - 河间　Ⅳ.①TV213.4

中国版本图书馆 CIP 数据核字（2018）第 238594 号

隐蔽的水分配政治
——以河北宋村为例

著　　者／李　华

出 版 人／谢寿光
项目统筹／韩莹莹
责任编辑／韩莹莹

出　　版／社会科学文献出版社·人文分社（010）59367215
　　　　　　地址：北京市北三环中路甲 29 号院华龙大厦　邮编：100029
　　　　　　网址：www.ssap.com.cn
发　　行／市场营销中心（010）59367081　59367083
印　　装／三河市东方印刷有限公司

规　　格／开本：787mm × 1092mm　1/16
　　　　　　印张：7　字数：138 千字
版　　次／2018 年 10 月第 1 版　2018 年 10 月第 1 次印刷
书　　号／ISBN 978 - 7 - 5201 - 3755 - 3
定　　价／69.00 元

本书如有印装质量问题，请与读者服务中心（010 - 59367028）联系